中等职业学校服装设计与工艺专业系列教材

服装设计基础

马存义　牛海波　编

U0792932

机 械 工 业 出 版 社

本教材共分知识篇、结构篇、实践篇和提高篇四篇。其中，知识篇讲述了学习服装设计必备的理论知识。结构篇较详细地阐述了服装的基础结构知识。实践篇采用讲练结合的方式，通过绘画设计实践，使学生能够完成多种题材的服装设计。提高篇是服装设计能力的扩展部分，通过讲解创意设计的表达方式，使学生了解并掌握如何将灵感转换为具体的创意设计；通过命题设计进行具体的主题设计实践，使学生能够完成企业或品牌的商品服装设计，也能够参加一般的服装设计比赛。书后的服装系列设计范例彩图可供学生参考。

本教材可作为中等职业学校服装设计与工艺专业的教材，也可供从事服装设计与工艺的技术人员参考。

图书在版编目（CIP）数据

服装设计基础/马存义，牛海波编. —北京：机械工业出版社，2013.7（2025.8 重印）

中等职业学校服装设计与工艺专业系列教材

ISBN 978-7-111-42534-2

Ⅰ.①服… Ⅱ.①马…②牛… Ⅲ.①服装设计—中等专业学校—教材 Ⅳ.①TS941.2

中国版本图书馆 CIP 数据核字（2013）第 101993 号

机械工业出版社（北京市百万庄大街 22 号 邮政编码 100037）
策划编辑：朱 华 责任编辑：朱 华 马 晋 郑 佩
版式设计：霍永明 责任校对：张 力
责任印制：常天培
河北虎彩印刷有限公司印刷
2025 年 8 月第 1 版第 7 次印刷
184mm×260mm · 9.25 印张 · 211 千字
标准书号：ISBN 978-7-111-42534-2
定价：49.80 元

电话服务	网络服务
客服电话：010-88361066	机 工 官 网：www.cmpbook.com
010-88379833	机 工 官 博：weibo.com/cmp1952
010-68326294	金 书 网：www.golden-book.com
封底无防伪标均为盗版	机工教育服务网：www.cmpedu.com

编审委员会

主　任　欧阳心力
副主任　曹桂萍　王同力　郑朝晖
委　员　侯东昱　李红月　朱玉双　王彦荣
孙晓红　张凤兰　彭　辉　王彩瑾
吴京原　张力钧　林　叶　赵艳丽
张书彬　陈　艳　张　霄　王蓓丽
梁文欣　高彦从　杨容容
审稿人　马存义　牛海波　王同力　李红月

序

学好服装设计与工艺专业取决于多方面的因素，一是学习的兴趣，二是学习的资源，三是学习的策略，四是成就感，五是实践的机会。“兴趣是最好的老师”。有兴趣，我们才愿意付出时间、精力和代价，才能“为伊消得人憔悴”但却“无怨无悔”。有学习的资源，就是指有各种各样学习服装专业理论与技能的机会。有些资源可以直接通过网络、各类服装作品或媒体获得，还有一些则是经过专家或老师的选择和编排，并附有各种练习的训练材料。学习的策略，就是指要根据自己的学习目标，根据自己的现有能力、学习风格和学习条件，选择最适合自己的学习方法，培养自己的自主学习和终身学习的能力，最终成为一个成功的学习者。成就感，就是指经常有机会证明自己的学习效果或成就，尤其是通过自己所具备的专业知识与专业技能改善自己与他人的着装结构，提高自己的综合素质和能力。实践机会，就是指努力争取和获得服装行业各方面的实践机会。大家知道，学习服装专业，仅靠课堂上的输入，仅靠教材显然是不够的，大量的实践是必不可少的，以项目为实践依托，提供大量的实践机会，培养在“做”中求知，在“动”中感知，在“用”中增知，有利于学生掌握并实际应用，从而取得令人满意的效果。

我们编写本套教材的理论依据就是以上对成功学习服装设计与工艺专业所涉及的重要因素的理解和分析，以便形成“多赢”态势。项目教学法在国外已广泛用于职业教育，但我国目前还没有完全按照这种思路编写的服装设计类专业教材。本套教材以构思巧妙的教学内容和生动的画面，加上极富特色的任务、项目及教学评价，带给学生一种活泼、欢快的学习环境。针对中职学生的特点，通过从学生的就业入手，确定服装专业课的教学目标；从教学的目标入手，设计服装专业课的教学项目；从学生的发展入手，评价服装专业课的教学效果等方面的实践探索，使学生毕业后走向工作岗位能更快地适应市场，达到培养合格人才的目的。

然而编写这样一套系列教材绝非易事。在前期，我们广泛听取了服装行业企业管理者、中高等职业教育者和学生家长等各方面的意见，经过数十次研究讨论，决定按照以下原则对课程进行定位与设置：①突出项目教学法的特点，各教学活动围绕学生自己和周围的生活环境展开。②重在实用性人才的培养，打破常规的理论规范的学科体系。以实践教学为主线，提升学生的实际应用能力。③贯彻标准化要求，即教材在编写中严格按最新国家标准的要求，并与 ISO（国际标准化组织）标准接轨。在每个项目后均有标准化考核要求，要求学生树立标准化意识，这也是培养 21 世纪技能人才的需要。

本套教材主要有以下特点：①在总体设计上，以就业为导向，项目分级编写，针对性强，可在学校与企业之间发挥桥梁纽带的作用。②在选择项目上，坚持“贴近实际、贴近生活、贴近学生”的原则，突出个性化特征，选择具有时代感、内容丰富的题材，在完成项目的同时，扩大学生知识面，培养跨界交流意识。③在难度把握上，突出“实用、够用”原则，兼顾能力的提高和兴趣及自信心的培养，为学生营造宽松的学习氛围。④在项目完成后的评价上，从学生的发展入手，突出灵活性、开放性及参与性，开阔视野、驰骋想象、学着创造，帮助学生为光明的未来作好心、智、技的准备，全面达到顺利就业的各项要求。

本套教材分主干教材（基础部分、项目部分）和选用教材。主干教材是本专业的必修课程；选用教材是为了给学生进一步学习和实践打下基础。各学校可以根据自身实际情况选用。

虽然我们的努力是艰辛的，我们的设计是尝试性的，但我们相信，项目教学法将在我国中等职业学校服装专业领域逐步显示它的生命力。希望使用本套教材学习服装专业的学生，能像在高速公路上行车一般，畅通无阻，迅速到达目的地！

前　言

服装是人类文明的载体之一，从古至今，各国、各民族创造了丰富多彩的服饰文化，服装设计师更为现代服饰发展推波助澜，极大地扩展了服装的式样，改变着我们的着装形象。服装设计不是创造服装而是创新服装，要承前启后，要融合现代社会各个领域的发展成果，针对人们对服装美的追求进行具有时代感的创新。

服装设计工作是追求美的事业，所以服装设计师也要通过鉴赏音乐、美术等艺术作品来加强艺术修养，熏陶审美情趣。服装设计师要做到“脚勤、眼勤、脑勤和手勤”：脚勤就是要走向生活、走向自然，感悟和追寻身边美的事物，从中得到启发和灵感，要进行市场调查等活动，设计出更多符合流行趋势的服装商品，给消费者以更多的选择，切不可闭门造车；眼勤就是要有广阔的视野，从各类媒体获取新信息，多观察各类人文产物和自然物体，观其形色，察其奥妙，为服装设计寻找素材；脑勤就是要善于记忆、想象和思考，将看到的事物而引发出的灵感进行深入的想象和发掘，经理性思考形成合理的设计思路；手勤就是要多写多画，通过文字记录和绘画整理可以加深记忆，同时也会大大地丰富自己的设计资源储备，提高设计的表达能力。

本书知识篇讲述了学习服装设计必备的理论知识，可以使学生对服装设计概念和美学规律有一定的认识。结构篇较详细地阐述了服装的基础结构知识，通过对服装各种结构元素的解析，使学生能够举一反三，进行服装零部件的扩展设计。实践篇部分，通过绘画设计实践，使学生能够完成多种题材的服装设计。提高篇是服装设计能力的扩展部分，通过讲解创意设计的表达方式，使学生了解并掌握如何将灵感转换为具体的创意设计；通过命题设计进行具体的主题设计实践，使学生能够完成企业或品牌的商品服装设计，也能够参加一般的服装设计比赛。书后的设计范例彩图可供学生参考。书中内容循序渐进，结构层次清晰明了，能够让中等职业学校服装设计与工艺专业的学生比较轻松、快捷地接触服装设计的实质，为他们的日后工作或升学打下较为牢固的基础。本书还可供从事服装设计与工艺的技术人员参考。

本书由马存义、牛海波编写。因时间仓促，编者水平有限，书中难免会有不妥之处，恳请广大读者批评指正。

编者

目　录

实　践　篇

提　高　篇

知识篇

项目1

服装设计基础知识

任务1　认识服装设计与时装画

任务目标　1. 明确服装设计的概念。
2. 理解服装设计与时装画的密切关系。
3. 了解服装效果图与服装款式图在服装设计中的实际应用情况。

一、服装设计的概念

服装设计是针对个人或消费群体，以特定的着装需求或符合现代时尚为目标，进行设计构思，并绘制出服装的效果图和款式图，再根据图样进行服装制作和服饰搭配，最终完成设计的全过程。

服装设计是一种创造性劳动，需要艺术与技术的综合性技艺。服装设计涉及历史学、民俗学、美学、文化学、心理学、材料学、工程学、市场学及色彩学等学科的要素。

二、时装画

设计师运用开放性思维对服装进行艺术构思，首先通过时装画来表现服装的设计效果，尝试各种设计的可能性。时装画根据用途有许多类别和绘画风格，可以用许多绘画方法和技巧来表现。在服装设计中，时装画往往特指服装效果图和服装款式图。

在服装企业中，产品设计的初级阶段，设计师就是通过服装效果图和服装款式图这两种服装绘画形式相互结合来表现设计意图，依图想象出产品能达到的实际效果。时装画是表现服装设计效果的必要手段，是服装设计师表达设计思想的形象语言，是表达设计理念的载体和媒介。设计师通过绘画与后续工程技术人员进行信息交流，使打板师、工艺师或样衣师等人能够看懂并理解设计，最终制作出成品来完成其设计。总之，服装设计需要时装画来表现，画好时装画是学好服装设计的前提条件之一。

1. 服装效果图

服装效果图是用来表现服装的着装效果，侧重于表现服装色彩、材质、款式和服饰搭配的服装绘画，甚至包括服饰品、鞋帽、发型、化妆和随身物品。完整的服装效果图包含着色效果图、服装款式图、设计说明和布样等。

服装效果图一般以手绘形式表现，但随着计算机的普及与应用，可将手绘稿进行扫描，再结合 Photoshop 等图形处理软件加以着色或修饰，也可以使用 Painter 等绘画软件在计算机上直接作画。服装效果图主要在服装企业的新产品开发、定制服装设计和服装设计比赛投稿等场合使用，图 1-1 所示为附有款式图的手绘效果图。

2. 服装款式图

服装款式图是表现单件服装的造型和结构设计，侧重于表现服装的结构细节以及各零、部件间的位置关系和比例关系的服装绘画。服装款式图要求结构比例和位置准确、描绘翔实，一般为线描稿，不需着色，可以加入局部结构的详解示意图、使用材料、尺寸数据和文字说明等注释内容，供制版和工艺制作参考。

目前，服装款式图以计算机绘画为主，使用 CorelDRAW 等矢量图形处理软件和服装设计软件作图。与传统的手绘形式相比，计算机绘制服装款式图的优点很多，如对已经画好的服装款式可以随意修改，通过复制和变化，能够对服装款式结构进行无限扩展，填充色彩和选择材质也非常方便、快捷，所以绘画效率极高。服装款式图主要用于服装企业的系列产品设计及工艺单的款式说明，在服装效果图中加入款式图，可以更加详细地解析服装款式结构，图 1-2 所示为使用 CorelDRAW 计算机软件绘制的服装款式图。

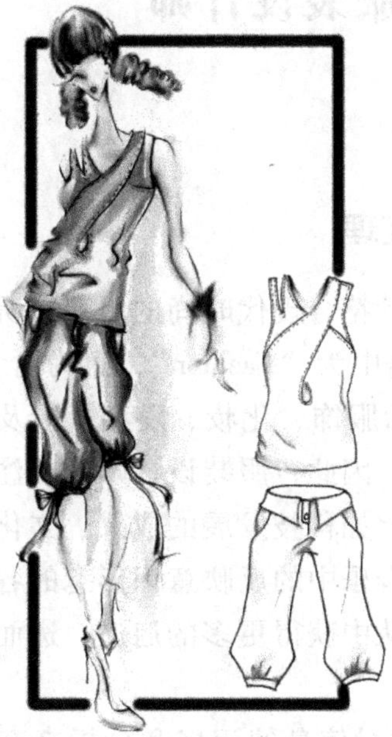

图 1-1　服装效果图

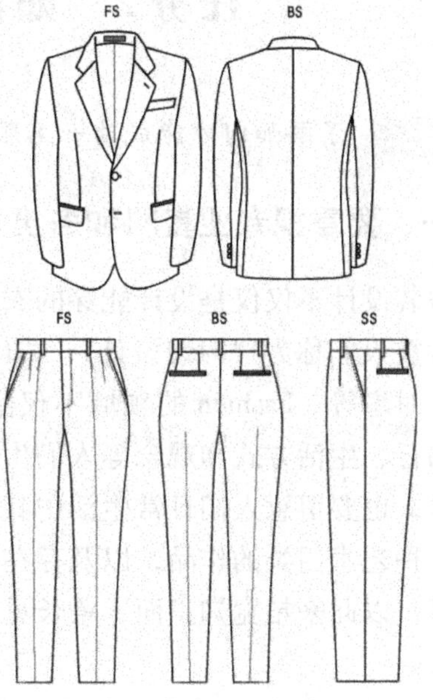

图 1-2　服装款式图

工具箱

服装杂志、时装画书籍、电子图片阅览器（如手机、MP4、笔记本电脑等）。

?! 小问号

1. 什么是服装效果图和服装款式图，绘画表现要点是什么？
2. 在计算机普及的今天，为什么还要学习手绘时装画？

我的收获

我的疑惑

任务测评

绘制服装效果图和服装款式图

将你自己或他人目前的穿戴画成着色服装效果图和服装款式图，然后同学之间相互交流和评价。

任务2　如何成为一名服装设计师

任务目标 了解如何才能成为一名服装设计师。

一、要重视专业资料和各类信息的收集和整理

服装设计不仅仅是设计能穿的衣服，更多的是设计符合现代时尚的服装，所以服装设计又常被人们称为“时装设计”。“时装”一词在英语中为“Fashion”，意为时装、时尚、流行、时髦等。Fashion 的领域不仅限于服装，也包括服饰、化妆、发型，以及饮食、家居、出行、生活方式和观念等人们生活中的各个方面。因此，服装设计师在关注服装本身的同时，也要留意人们日常生活中其他领域的变化，比如科技发展的成果、文化的发展动态、各种艺术门类的作品，以及存在于文学、哲学、音乐中的反映意识形态的各种思潮和观念等，以此来拓宽知识面，增长见闻、博采众长，从中获得更多的启迪，进而产生更好的想法。

信息的收集和整理需要大脑和媒介。首先要通过对信息的记忆和分析来充实服装设计师的头脑；其次要注意纸质媒介信息和电子媒介信息的收集，对收集到的资料信息要及时整理和分类，日积月累，服装设计师的设计资源就会丰富起来，使用起来也会方便快捷。

二、要善于在借鉴中提高设计水平

服装设计是一种需要借鉴的创造活动，因为服装的变迁过程是连续的、不间断的，每一种服装都处于人类服装文化史的变迁途中，都是承前启后的。要想在设计中准确地把握现在的流行趋势，就必须了解服装过去的变迁过程，掌握变迁规律，学习前人的历史经验和传统技巧，实现在设计中超越前人的目标。

服装设计师不仅要学习中国服装史，而且还要学习西方的服装史，更要研究世界各地现存的民族服装。为了在设计上赶超世界先进国家，真正与国际接轨，不仅要了解我们自己的历史，更要花力气去了解西方服装的变迁。这样，面对形形色色的国际流行趋势，在吸收和借鉴时，才会有自己的见解和主张，而不是盲目地照搬和抄袭。

此外，借鉴还要注意广度，除了古今中外的服装文化外，其他领域也要尽量涉猎和学习。因为服装是一种综合性的文化现象，涉及社会科学和自然科学的各个领域。服装设计师既要能把握当时当地的历史潮流和市场变化，又要对自己和竞争对手的实力了如指掌，还要有能力和实力组织生产，实现自己的设计意图，为企业带来利润。因此，服装设计师要有广博的修养和丰富的经历，要热爱生活，对一切事物都很感兴趣，要有强烈的好奇心，在设计构思时，才能广开思路、广泛借鉴。服装设计师要向大师学习，借鉴名牌服装产品的设计、经营理念，只有“站在巨人的肩膀上”，才能设计出高于前人的作品。这就是借鉴的重要性。

三、要不断提高审美能力

服装设计师要不断提高审美能力，树立起自我的审美观。

审美能力是指人们对事物能够以美学的角度进行鉴赏和甄别的一种思维能力，也就是说，审美能力是人们在对自然界和社会生活的各种事物和现象作出审美分析和评价时所必须具备的感受力、判断力、想象力和创造力。作为服装设计师，培养和提高审美能力是非常重要的，审美能力强的人能迅速地发现美，捕捉住蕴藏在审美对象深处的本质，并从感性认识上升为理性认识，只有这样才能去创造美和设计美。服装设计师要有善于发现美的眼睛。单凭一时感觉的灵性而缺少后天的艺术素养的培植，是难以形成非凡的才情底蕴的。

四、要有丰富的想象力

设计创作的最初灵感和线索往往来自于生活中的方方面面，有些事物看似平凡或者微不足道，但其中也许蕴含着许多闪光之处，如果服装设计师对此熟视无睹，不能发现它们的存在，就不能及时地去捕捉和利用它们，就会与许多有用的设计素材失之交臂，因此要尽快让自己变得敏感起来。

独创性和想象力是服装设计师的翅膀，没有丰富想象力的服装设计师，技能再好也只能称为工匠或裁缝，而不能称之为真正的设计师。设计的本质是创造，其本身就包含了创新、独特之意。自然界中的花鸟树木，我们身边的器物、音乐、舞蹈、诗歌、文学，甚至现代的生活方式都可以给我们很好的启迪和设计灵感。千百年来，在服装的历史长河中，正是由于前人丰富的想象力和独创的精神，才给我们留下了丰厚的宝贵财富。

五、要热爱艺术、把握流行，具有深厚的艺术造诣

服装设计师要有深厚的艺术造诣和扎实的绘画功底，同时也要有理想——创造自己独有的艺术世界，希望美梦成真，具有敢为人先的时尚理念，做时尚的探险者、弄潮儿，对服装情有独钟，对普通的面、辅料有独特的欣赏眼光等。

服装设计既是一种产品设计，也是一种艺术创作。因此，广泛的艺术修养对于服装设计师就显得至关重要。曾被誉为“时装之王”的法国高级时装设计大师克里斯羌·迪奥尔就是一位具备了建筑、绘画、音乐等多方面知识的时装界巨匠，他的弟子伊夫·圣·洛朗也是一位艺术才华横溢的天才。从圣·洛朗的作品中，可以看到他设计灵感来源之广，也可以感受到当代艺术大师们的影响：热情奔放的西班牙风格，华美多姿的俄罗斯情调，单纯豪放的非洲风格，端庄鲜明的中国风格，还有那色彩明朗的毕加索风格，简洁明快的蒙德里安抽象艺术和波普艺术等，都在圣·洛朗的作品中有着独特的运用和发挥。深厚的艺术造诣使服装设计师们具有无穷的创造力。

六、要熟悉服装的结构制图、裁剪和缝制等生产过程

服装结构设计、裁剪和缝纫技术也是服装设计师必须掌握的基础能力。不懂制版、裁剪和缝制方法，会使设计难以实现。缝制的方式和效果本身也是设计的一部分，不同的缝制方式能产生不同的外观效果，甚至产生特别的肌理效果。这就要求设计师要熟知服装行业中的各种加工设备及服装缝制专用机件，对针织、梭织等加工工艺了如指掌，才能在设计运用中得心应手。

七、要考察市场，获取流行信息

作为一种产品设计，服装设计效果的优劣不是靠某位专家来评说的，而是由市场来检验的。因此，服装设计师如果对自己所服务的目标市场一无所知，那将非常危险，因为其设计投产后很可能不被市场认可而造成积压，给企业带来巨大的经济损失，甚至使之倒闭。服装设计师要经常考察品牌服装专卖、批发与零售的成衣市场，面、辅料材料市场，首饰、配饰、美容护肤等服饰市场，以便及时获取流行信息和资料，判断流行趋势。

服装设计最终要在市场中体现其价值，只有真正了解市场、了解消费者的购买心理，才能真正掌握流行趋势。服装设计师应保持自己的个性和独特的设计风格，但这并不等于无视市场的需求。服装设计师与画家不同，不能孤芳自赏，一定要时刻注意把握市场的新动向，在保持自己设计风格的基础上，一定要站在消费者的立场上，将每个细部都设计到位，这样才能在激烈的市场竞争中立于不败之地。

八、要熟悉服装设计大师以及著名品牌

了解和掌握服装设计大师以及著名品牌的风格是成为服装设计师的一条快捷之路。从20世纪初期的香奈儿到21世纪初的约翰·加利亚诺，许多服装设计大师都在服装发展史上留下了足迹：20世纪20至30年代优雅浪漫的低腰露背装；20世纪50年代典雅富贵的高级时装；20世纪60至70年代叛逆怪异的嬉皮士、朋克服饰；20世纪80年代宽肩、松身的男性化职业女装；20世纪90年代性感迷人的蕾丝、透视服饰……只有深入学习20世纪服装的发展历史，才能理解那个时代大师们的设计风格和艺术表现，从而借鉴到自己的服装设计当中。

20世纪80至90年代，德国的设计大师卡尔·拉格菲尔德任CHANEL公司的首席设计师，为了扭转CHANEL公司当时的困境，为其注入新的活力，卡尔·拉格菲尔德首先从熟悉CHANEL品牌的设计风格开始着手，以至于对CHANEL几十年历史中的每一个服装款式，他都可以一边默写一边讲解。在充分了解CHANEL风格和设计历史之后，卡尔·拉格菲尔德一改CHANEL套装的沉闷和单调，于20世纪90年代推出了粉彩、性感的CHANEL套装，使CHANEL服饰重振旗鼓，再次赢得年轻女性的喜爱，从而恢复了CHANEL品牌的活力。

九、要具备很强的计算机应用能力

随着计算机技术在设计领域的不断渗透，无论是在设计思维还是创作的过程中，计算机都已成为服装设计师手中最有效、最快捷的设计工具。特别是在一些较正规的服装企业中，已经广泛使用服装CAD、服装CAM等计算机软件，进行服装的设计、打版、排料、生产和管理等，绣花纹样、印花纹样等也是靠计算机来完成的。

服装设计师要能熟练地运用Photoshop、CorelDRAW和Painter等绘图软件，它们可以方便地编辑和绘制图形，修改和拓展设计，加快设计速度。特别是Painter，庞大的绘图工具箱、种类繁多的画笔、极具感染力的着色效果和滤色效果可以使你的设计更加高效、效果更加逼真。计算机作为一种先进、现代的绘图工具，有着丰富的表现力和非凡的潜力。掌握和运用计算机绘图软件不仅是日常设计工作中的需要，还可以让你体会到做一名现代服装设计师的滋味和乐趣。

十、要把自己培养成为一名具有人格魅力的服装设计师

成为一名服装设计师还有一个非常重要的因素，就是具备德才兼备的人格。现代企业在组织结构上是一个分工合作的集体，各有分工，所以服装设计师必须摆正自己的位置，切不可高高在上、盛气凌人、目空一切。能否与别人合作，特别是能否与比自己能力强的人合作，往往是一个服装设计师能否成功的关键。在市场上与同行竞争时也要堂堂正正，千万不要靠拆别人的台来抬高自己。“同行是冤家”这种过去小农经济时代的陋习不是我们这个时代所需要的。

1）要善于与人沟通、交流和合作。这方面的能力需要在校学习期间就开始注意锻炼和培养，并努力使之成为一种工作习惯，这对今后开展工作会十分有益。

2）要有敬业与团队精神，不仅把服装设计当成一个谋生的饭碗，更应看成一种事业来追求和热爱它。要积极主动、兴趣浓厚地全力投入工作，尽到自己的责任，体现主人翁精神；对本行业要有一种执着的探索精神，有强烈的设计质量意识和效率意识；时刻站在投资者的角度运作市场，追求成功，避免失败，减少冒险，给企业以安全感；虽然工作很辛苦，但要能苦中求乐。

3）要尽快让自己变得时尚起来，学会经营和推销自己，时刻展现你的风采。

?! 小问号

1. 你能说出几位国内外服装设计师的名字？
2. 你觉得自己具备哪些服装设计师的素质？

我的收获

我的疑惑

任务测评

为你的父亲或母亲设计一套服装

通过你的观察，你的父母穿什么样的衣服会更好看，画出效果图来给他（她）看看，并听听对你的设计的评价。

任务3　认识服装设计原则

任务目标　作为服装设计师，在了解人们的着装需求基础上进行服装设计，同时必须知道该做哪些事。

一、着装的TPO原则

设计师要从服装穿着者的角度了解其需求，再根据社会风俗、流行时尚等众多因素，设计出穿着舒适、美观实用、让人满意的服装来。人们平时的日常穿着不能仅凭主观愿望随意打扮，除了追求时尚、美观之外，还要考虑所处环境的自然条件和人文习惯等客观因素，使穿着得体。所以，着装要符合时间、地点和场合的需要，这就是所谓的“TPO”原则。

1. Time 时间

着装时间是指在一年四季中的春、夏、秋、冬，或一天中的具体时间段这两个方面。在四季非常明显的区域，气温变化幅度较大，冬天要穿保暖、御寒的冬装。夏天要穿透气、吸汗、凉爽的夏装。只有在赤道附近等区域，着装才因当地季节变化不明显而变得时令感模糊。人们在一天中的不同时段，所处的地点和场合也会发生变化，一般也都要相应地改变着装形象。在昼夜温差较大的地区，也要随温度变化来更换或加减衣物。有些比较讲究着装礼仪的国家或地方，还有晨服、昼服和晚服的区别。

2. Place 地点

着装地点主要表现在自然环境方面，是指人们置身于在室内还是室外、乡村还是城市、国内还是国外、居家还是旅行、平原还是山区、沿海还是内陆等。由于地理位置和地点环境的不同，季节感受和气候条件都会有明显的差异，人们要顺应自然条件来选择着装。

3. Occasion 场合

着装场合主要表现在社会环境方面，现代人的工作和生活范围越来越广，会出现在各种不同的场合，如居家、上班、上学、休闲、逛街、社交、旅游、户外运动等。着装要符合社会的人文习俗，要随场合的不同来扮演自己的社会角色，不可过于张扬或随意，贸然挑战世俗。着装要考虑“入乡随俗”。时下人们的穿着有追求休闲、自由等个性化的趋势，但着装如果违背了TPO原则，就会让人觉得另类、有失体面、贻笑大方。譬如穿西服打篮球、穿泳衣逛街、穿红服丧等错误的着装，都会出现滑稽或尴尬的场面。正如俗话说的“宁穿破、不穿错”，人们对自己的着装形象，往往都有一定的心理预期，随其意愿来打扮自己，以达到怡情自我、愉悦他人、建立自信的目的。得体的着装不仅是尊重他人的表现，也是尊重一个国家、一个民族的表现，严谨的着装礼仪规范，更是人类文明和社会进步的表现。

二、服装设计中的5W1H分析法

为了完成设计，设计师要考虑自己该做些什么、如何做，依据这些前提条件进行设计。设计中，服装设计师必须首先想到着装对象是谁，是什么样的人；然后遵循着装的TPO原则，想象需要达到的着装效果；进而考虑如何实现设计，需要做哪些具体的工作。这一系列的理性思考，归结起来称之为5W1H分析法，也叫六何分析法，它是创造性劳动的思维方法，可深化思考的内容，使服装设计工作更加具有条理性。

1. Who 何人（谁、什么人穿着）

设计之前，先要搞清楚所设计的服装是给谁穿的，是个人定制还是消费者群体。如果是个人定制，必须先弄清顾客的需求和目的，然后观察其身材和皮肤颜色等情况，使设计更加合理；如果是消费者群体，就要对其综合归类，考虑到年龄因素和经济因素的同时，还要研究每类人群特有的穿着意向。

2. When 何时（季节、时间）、**Where 何地**（地点、环境）、**Why 何故**（着装目的、场合）

When 何时 = Time、Where 何地 = Place、Why 何故 = Occasion，与前面提到的着装的

TPO 原则相对应，不再赘述。

3. What 何事（做哪些事、关联要素）

一个人的着装，即使是在特定的 TPO 条件下，选择服装时也会有多种可能性，这反映出穿着者的时尚品位和审美水平。设计师在设计服装时，要考虑给消费者留有余地，也就是说，服装不仅要有设计特色，还要有多种搭配的可能性。消费者一旦确定了穿着某种形式的服装，便已决定了由此带来的着装状态和与他人的关系，从而决定了自己在人群中所扮演的角色。

4. How 如何（如何做、工作方法）

前面提到的 5W 是设计的客观条件，而 How（1H）则是设计师如何应对这些客观条件的主观能动性。这需要设计师从市场调研开始，去捕捉灵感、展开设计思路、绘画设计稿，然后进行选择材料、裁剪制作并核算成本等一系列的具体工作。

工具箱

你衣柜或衣箱中的服装和服饰品。

?! 小问号

1. 你和家人的衣柜都有什么样的衣服？
2. 你在选择着装时会考虑什么因素？

我的收获

我的疑惑

任务测评

判断你现在的着装是否符合 TPO 原则。通过对自己着装的评价，找出平时穿戴中的不足，使自己会穿、会打扮，讲究起来。

任务 4　认识服装设计的领域划分

任务目标　知道服装设计领域的分类，结合自己的兴趣和就业志向，加强对某一服装设计领域的关注。

根据服装的用途、生产或销售方式，服装设计大体上可分为成衣设计、高级订制服装设计、职业装设计、体育服装设计、影视及舞台服装设计、参赛服装设计以及发布会服装设计等若干领域。

一、成衣设计领域

成衣是指服装企业以某类消费群体为目标，进行工业化批量生产的各类服装商品。成衣分为高级成衣和大众成衣两种，高级成衣是指著名品牌针对高端客户限量生产的高级时装，特点是批量小、成本高、价格昂贵，一般以品牌专卖形式销售经营，顾客享有完善的售后服务，并为每位顾客建立档案；大众成衣是指面向普通消费者，以销定产的普通服装或时装，特点是批量大、成本低、价格便宜，以批发、量贩形式经营销售（图1-3）。

在成衣设计活动中，首先对所有消费者的性别、年龄、职业、收入状况等情况进行分析并归类，并对其生活环境、社交范围、着装倾向和情趣等细节进行进一步分析，划分为若干个不同的消费群体。服装企业或品牌公司以特定的消费群体为对象，对他们以往的服装商品消费情况进行调研，结合流行趋势，预测并迎合他们的日后需求，有的放矢地进行成衣商品设计。由于成衣为工业化批量生产，要预先进行调研、设计、准备材料和一系列生产准备工作，需要一定时间，所以成衣设计通常至少提前一个季度开始。如果产品销售前需要产品发布会、订货会、广告宣传等活动，设计就要提前半年或一年的时间开始。

二、高级订制服装设计领域

作为经常出现在公众场合的名人（如政要及其夫人、演员等），或有较强消费能力、走在时尚前沿的部分消费者，市场上的时装商品已无法满足他们的需求，他（她）们会聘请知名服装设计师，专门设计并制作适合于自己的个性时装。与针对群体消费的成衣设计不同，高级订制服装（Haute Couture）是以个体消费者为目标，根据客户需求，专门设计、量体裁衣、手工制作的高级孤品时装，绝不等同于我们经常看到的裁缝的定做服装。高级订制服装倾注了设计师与制作者的才能与精力，体现了设计师与穿戴者的个人风格，是时装的最高形式与境界。所以，设计师首先要与顾客面对面交流，通过向顾客询问，了解他（她）的穿着需求，观察其肤色、面形、体态特征，感受其性格和气质等个性特点后，对服装和服饰品进行综合设计（图1-4）。

目前，我国订制服装行业一般以知名服装企业或名牌为中心，主要开展以高品质为核心的男装西服等常规服装的高级订制业务，基本上没有设计环节，发展水平较低，与西方发达国家相比还有较大差距。造成这一现状的主要原因是我国缺乏具有国际知名度的服装设计大师，另外，也与社会环境、着装时尚和文化意识等方面的发展水平有关。

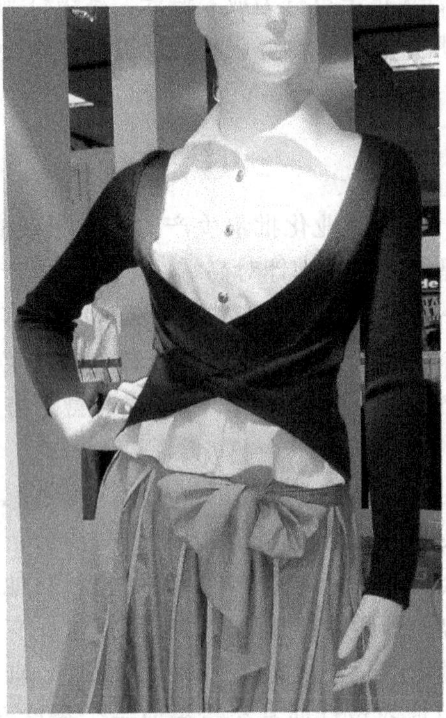

图 1-3　成衣

图 1-4　高级订制服装

三、职业装设计领域

职业装是指从事各种职业或工种的劳动者群体的工作着装，包括制服和工装。

1. 制服

制服是指在军队、公安局、工商、税务、民航、铁路、银行、证券、学校、医院、公司、企业等工作的各类职业人群的标志性着装。

带有时尚元素的制服，在一些场合也可以作为正装或礼服穿着。设计制服时需根据顾客的要求，结合其职业特征、团队文化、年龄结构、体型特征、穿着习惯等，从服装的色彩、面料、款式、造型、搭配等多方面考虑，提供最佳设计方案，为顾客打造富有内涵及品位的全新职业形象。

制服一般为套装（Suit）形式，女职业装也有连衣裙式样。套装是指经精心设计，上下衣或内外衣等两件以上配套穿着的服装，它们之间的风格要一致，配色、配料要协调，给人以整齐、和谐、统一的印象。套装通常由同一材料裁制，也有一些套装是由异料相配、格调一致的衣、裤、裙配套而成。除了上下装搭配组成的套装以外，还有内外配套的套装，以及讲究整体组合的套装等。制服面料主要有：凡立丁、哔叽、华达呢、直贡呢、派立司、啥味呢、女士呢、制服呢、麦尔登、海军呢、法兰绒、大衣呢和花呢等（图 1-5）。

2. 工装

工装又称工作服，是指在厂矿企业、宾馆、饭店、商场等各行各业，从事各工种的劳动者在工作时穿着的具有保护性、标志性和便利性的着装。

另外，还有一些执行危险任务或在极端环境下工作的人员，需要穿着具有特殊防护功能的特种服装，如消防服、潜水服、宇航服、极地服、防爆（防弹）服、防生化服、防辐射服等。

职业装设计不像成衣商品那样考虑消费者的着装取向或流行动态，也不像个人订制服装那样考虑着装者的肤色、身材和个性等要求，而是注重群体形象、文化象征、工作环境及劳动特点等。在设计前，服装设计师必须与相关负责人充分交流，了解他们的需求，还要到现场感受其工作环境，体会劳动中对服装的要求（图1-6）。

图1-5　制服

图1-6　工装

四、体育服装设计领域

体育服装又称运动服装，可以区分为专业体育服装和休闲体育服装。

1. 专业体育服装

专业体育服装是指职业运动员进行训练或比赛时穿着的服装。在设计时，首先要区分其运动项目，根据项目的运动特点，着眼于提高运动员的比赛成绩、增加观赏效果、保护运动员身体等方面。专业体育服装设计要充分考虑服装的运动机能性，注重材料选择和局部细节设计，但不宜过于烦琐或随意增加有碍活动的设计（图1-7）。

2. 休闲体育服装

休闲体育服装是指人民群众锻炼身体时穿着的服装。目前，国人越来越注重健康生活，积极参加各种形式的健身运动，如武术、瑜伽、打球、跑步、摔跤、跳舞、跳绳、踢毽、轮滑、滑冰、滑雪、远足、登山、骑车等。人们对运动装备的要求越来越专业化，对各类体育服装的需求日益增多，同时也为服装企业的设计与生产提供了更加广泛的市场空间。人民群众进行体育锻炼的目的是强身健体、增加人际交往、追求身心健康，不同于职业运动员为提高运动成绩所强调的更快、更高、更强。所以，设计在考虑运动特点的同时，还要加强服装的安全防护性能，结合流行时尚，兼顾关联项目或相似运动等娱乐休闲元素（图 1-8）。

图 1-7　专业体育服装

图 1-8　休闲体育服装

五、影视及舞台服装设计领域

我国经过 30 多年的改革开放，现在不仅经济发达，文化艺术也非常繁荣，演出市场空前活跃，在为广大观众提供大量具有教育性或欣赏性的影视作品和舞台节目的同时，也给服装设计师提供了一个施展设计才华的大舞台。

影视服装是指在电影和电视剧中，所有出镜演员穿戴的服饰，服装要具有真实性和艺术性；舞台服装是指在戏剧、话剧、歌舞剧等舞台剧，或在舞台上表演的歌唱、音乐、舞蹈、魔术、杂技、小品、相声、哑剧等综艺演出中演员穿戴的服饰，服装要具有艺术感染力，能使观众赏心悦目。影视剧和舞台剧一般涉及国家、地域、民族、宗教、艺术、科学技术、文化传统、人文习俗，以及故事的时间、地点、事件、情节、场景等历史背景，服装设计师要分别为不同场景出现的各种角色设计或选择符合其身份的服装。舞台综艺节目中的演员服装，首先要区分角色，然后根据其演出形式，将经典服饰与现代时尚相结合进行设计（图 1-9）。

总之，影视及舞台服装涵盖古今中外所有曾被人们穿着使用过的服装，甚至涉及超越时空的未来服装，可以说是包罗万象、异常繁杂。因此，服装设计师不仅要有较高的服装设计水准，还要有丰富的文化知识和很高的艺术修养等。

六、参赛服装设计领域

国内外有很多面向服装院校就读学生的服装设计比赛，借以进行品牌宣传、发掘新人、开发产品。各类服装设计比赛都有特定的设计主题和要求，也有一贯的比赛规则。看清比赛通知后，设计前应详细了解该项比赛的历史，尤其要认真品味往届的入围作品和获奖作品，让自己的设计有所突破和超越（图1-10）。

图1-9 舞台服装

图1-10 比赛服装

服装设计比赛一般通过征稿进行海选，再对入围作品组织初赛和决赛，一般以服装效果图的形式投稿报名，入围后，参赛选手经选料、制作、服饰搭配、试穿等环节完成设计，最后携作品参加比赛。参赛选手对于投稿的效果图，必须紧扣大赛主题对作品命名，以独特的设计、精美的绘画打动评委，使之入围；一旦入围，首先要注重材料的选择，按照作品的设计风格，将不同色彩和质感的面、辅料进行合理组合；通过精致的裁剪和制作，恰当的服饰搭配强调作品风格，最终完成实物作品。通过参加服装设计比赛，可以体验从画设计到做设计的全过程，能够将自己的创造力和所学专业知识加以综合运用；同时，也会提高在读学生的就业意识。

七、发布会服装设计领域

服装企业或品牌公司为了推介产品、塑造品牌形象，经常会在企业内部或国内外的重大服装活动中举办发布会，进行静态或动态的服装展示。如法国巴黎、英国伦敦、意大利米兰、美国纽约、日本东京等国际时装周，国内在北京、上海、大连等地举办的国际服装服饰博览会等。

我们经常看到服装动态展示的T台秀（俗称“服装表演”）是服装发布会的主要形式，T台秀上的服装一般分为即将投入市场的商品服装和仅限舞台表演的创意服装两大类。发布会上的商品服装具有产品宣传、推介的用意，很容易为人们所理解，但人们往往对仅能在T台上表演、好看不实用的创意服装感到不可思议。其实，T台上的两类服装可以简单地理解为：商品服装用于产品宣传，创意服装用于企业、品牌或服装设计师的宣传。创意服装虽不能直接作为商品，却能反映企业、品牌或服装设计师的创新能力，来创造或引导流行，至少可以吸引眼球、得到关注。试想，若T台上的服装尽是随处可见的普通服装，就难以引人关注，长此以往人们就会将其淡忘，所以创意服装对于企业、品牌乃至服装设计师都有着重要的意义（图1-11）。

图1-11 发布会服装

?! 小问号

1. 什么是成衣？
2. 高级订制服装是实用服装吗？
3. 你平时设计过上述哪类服装？

我的收获

我的疑惑

任务测评

如果你是一名专业歌手，在舞台上应该穿什么款式的服装，属于哪一类服装设计领域？

项目 2

服装设计中的美学规律

任务1　认识服装造型设计中的基本形式元素

任务目标　掌握服装造型设计中的基本形式元素。

造型的基本要素是点、线、面、体，服装设计，就是运用美的形式法则对这些原本各自独立的基本要素加以组合，使其相互关联成为有机的整体，形成完美造型的过程。

一、点

点在空间中起着标明位置的作用，具有注目、突出诱导视线的性格。点在空间中的不同位置、形态以及聚散变化都会引起人的不同视觉感受。

1）点在空间的中心位置时，可产生扩张、集中感。

2）点在空间的一侧时，可产生不稳定的游移感。

3）点的竖直排列能产生纵向拉伸的苗条感。

4）较多数目、大小不等的点作渐变的排列可产生立体感和视错感。

5）大小不同的点的有秩序排列可产生节奏韵律感。

6）多点的顺序排列可以产生线条，散点可以形成平面。

在服装设计中，点的形态不仅是圆形、方形、三角形等几何形状，也可以是花形、叶形等物态形状，以及其他的异形状态。面料图案、口袋或袋盖、商标图案、纽扣、绳结、胸针、胸花等装饰品，都可视为一个可被感知的点。我们了解了点的特性后，在服装设计中恰当地运用点的功能，富有创意地改变点的位置、数量、排列形式、色彩以及材质等特征，就会产生出其不意的艺术效果。

二、线

线在空间中起着连贯的作用。线有曲折、长短、粗细，以及方向或位置上的变化，不同形式的线给人以不同的感受，例如水平线平静安定，曲线柔和圆润，斜向直线具有方向感等。服装中的线条可表现为轮廓造型线、剪缉线、颡道线、褶裥线、装饰线以及面料线条图案等。多线条的顺序排列可以形成平面。

三、面

面具有二维空间的性质，有平面和曲面之分。具有各种颜色和质感的布料以面的形态，占据了服装外观的绝大部分。面有物象形、规则的几何形和非规则的偶然形等，不同形态的面又具有不同的特性，如三角形具有不稳定感，偶然形具有随意活泼感等。服装中的边缘线、结构线和装饰线等线条，对服装表面形成了分割，产生了不同形状的面的组合，运用其比例关系、肌理变化、色彩配置、装饰技法等不同手段，能产生变化丰富、风格迥异的服装效果。当面的长宽比值较大时，会产生线条的感受；面的转折可以产生立体效果。

四、体

体是由面与面的组合构成的，具有三维空间的概念。不同形态的体具有不同的个性，从不同的角度观察，体也将表现出不同的视觉形态。服装中的体就是造型，它包含整体造型和局部造型，设计中要时刻将人体和服装作为立体形态来想象，设计要符合人体自身的形态以及人体运动时的变化需要。体的造型设计也能使服装别具风格。

?! 小问号

服装中的点、线、面、体之间的关系如何？

我的收获

____

____

____

我的疑惑

____

____

____

任务测评

指出自己或同学现在的着装中，哪些部位分别是点、线、面、体，并说出其在服装效果中的作用。

任务2　认识服装设计中的美学法则

任务目标　学习美学原理，掌握造型美的形式法则。

服装是不断发展变化的，但并不是没有规律、不受限制的，服装设计应该是在遵循美学规律的基础上进行的。造型美的法则有很多，包括对比、统一、协调、平衡、旋律、视错、比例等，它们之间相互关联，但统一与协调是造型美的基本原则。要完成一个整体美的造型，必然要了解这些法则的内容、它们之间相互作用的关系以及它们各自的效用，下面我们将对一些重要法则逐一进行说明。

一、对比

对比现象普遍存在于自然界的物质形态中，如广阔的原野与远方的崇山峻岭，碧蓝的海水与黄色的沙滩，蓝天上漂浮的白云，沙漠中的一湾清水，绿叶间的红花等景象，都让我们感受到自然界的丰富多彩。有时，当看到荒野中的炊烟、戈壁滩上的一棵小草、巨石间的一棵古松、树桩萌发出的新芽时，我们会感受到心灵的震撼或心理的慰藉。

对比是物质间由于形态、颜色、材质的不同给人们带来的感官差异，如形的大与小、圆与方，点、线的疏密、曲直，颜色的红与绿、白与黑（图2-1），质地的薄与厚、轻与重、软与硬、平滑与粗糙等，这种强烈的反差形成了对比。对比给人以强烈的视觉感受，能引起人们一定的情绪反应，有时会给人以清新、明快的良好感受，有时也会给人以生硬、矛盾的消极感受。例如：红与绿是色彩中色相的对比，当我们看到一个穿红戴绿的女孩走在田野乡间时，与自然色彩浑然一体，会感受到人与自然的和谐美好；但当她走在高楼林立的都市街道时，又显得突兀、另类，甚至俗气。这是因为我们对个体的对比感受与周边环境等关联因素有关，田野中的自然色彩与女孩的服装色彩形成了统一，化解了矛盾；而她在色彩暗淡的钢铁、水泥和玻璃建筑之间，与环境色彩形成反差，强调了对比感受，突出了矛盾。

二、统一

统一指的是服装整体的一致性。整体是由诸多个体有机结合形成的，所谓个体是指有关“形”“色”“材质”的各个要素，对这些要素进行选择性整理，并将各要素集结成一体，这就是统一的概念。在这些个体未形成统一体之前，相互之间没有任何联系；在设计构思中，为了达到整体的完美，必须对各个要素认真、细致、慎重地加以选择，并相互制约，最终成为不可分割的统一体。对于设计而言，完成后的效果是统一的主体，所以，必须要求这些个体之间的联系、过渡等给人一种秩序井然的统一美。

统一是对服装整体造型的比例、平衡、节奏（旋律）、协调等形式法则的集中概括，是形式美的基本原则。符合统一原则的作品给予人的是快意、满足、完整和舒适感，是完成作品的原动力。统一要求在艺术形式的多样性和变化性中体现出内在的和谐感，反映了人们既不要单调与呆板，也不要杂乱无章的心理。服装设计中，颜色、图案、廓形、细部等各个要素间的相互协调，形成了服装自身的统一美，它与耳环、项链、帽子、鞋、箱包等饰物的协调，体现了着装者的个性美，再与化妆、发型、比例及时代感的协调，则称之为整体搭配美。

相同的物质或是类似的物质都具有相同的因素，因此易产生关联性的秩序井然感，比较容易达到统一的效果。但这不是唯一的形式，统一既可以在相同类似的物质中形成，又可以在相反的对立物质中形成。例如：形状、大小、颜色的对比等这些对立的因素，依照一定的原则加以调配依然可以形成统一。正如在单纯朴素的服装上饰以闪光华丽的饰物，在对立的物质间利用对比、互补也可成为和谐的统一体（图 2-2）。

三、协调

协调是将两个以上的要素或要素的各种特征有目的地结合起来，如“圆与四角”“材料、色彩与形状”等形成完美的统一体时，设计就产生了协调的美感，这时必须要注意，不要因为各要素之间的特点及矛盾造成混乱的印象。协调是统一的准备阶段，个体之间的协调是整体统一的先决条件（图 2-3）。

图 2-1　色彩明度对比

图 2-2　花朵元素的统一

图 2-3　形与色的协调

服装设计过程中，构成服装的各要素内部之间要协调，包括形状、大小、色彩间的搭配，材料的质感及格调间的协调等；色彩与形状、色彩与材质、人与服装等相互之间的关系也必须和谐。害怕破坏统一而单纯考虑稳定的要素，只追求安定的设计，会让人感到倦怠、呆板、平淡乏味、毫无生气；当一味追求变化而忽视安定的要素时，又会造成强烈的不稳定感，过分的刺激会让人感到烦躁、轻浮、俗气与毫无品位。因此，只有变化与安定共存的设计，才是较为完美的设计。有时变化的成分多些，有时安定的成分多些，根据二者比例关系的不同，可创造出运动、华丽、成熟、庄重等各种不同的协调效果。变化成分较多的服装给人以运动、愉快、兴奋的感受，所以多用于运动服装、休闲服装、猎装、家居服装等；安定成分较多的设计，感觉上欠缺生动感，比较沉稳，职业装和制服就属于这类设计。

四、平衡

平衡原指力学上的质量关系，如天平两边处于均等时就获得了稳定，并保持平衡状态，视觉上产生平稳静止的感觉。但在造型艺术中，平衡则是感觉上的大小、轻重、明暗以及质感的均衡状态。在服装设计中，平衡是指构成服装的各基本要素之间，形成既对立又统一的空间关系，产生一种视觉上和心理上的安全感和平稳感。平衡是色彩搭配比例、面积及体积比例等的重要原则。平衡一般以对称和均衡两种形式出现。

1. 对称

对称是两个或两个以上相同体量的图形或物体，分别对应于基准点、线周围等距位置时所产生的物理平衡。对称产生强烈的心理平衡感，是造型设计中最简单的平衡形式，给人以朴素单纯和严肃的感觉。

各种动、植物经过长期进化，绝大部分都已形成对称的形态，因为对称才使它们在生命历程中获得了平衡和稳定，如花鸟鱼虫、家畜野兽等，连人体也毫不例外地是左右对称结构，所以说对称是生命体的普遍现象（图2-4）。人们常说的“五官端正、体态匀称”，就是要求对称平衡，是对人物相貌美的基本判断。曾有人做过人脸美感方面的研究，发现他（她）无论眼睛是大是小，五官对称的人就耐看，这也正好验证了人们所说的“五官端正”这样朴素的审美要求。人类创造的各类文明产物也多为对称形态，如各种工具、工业产品、生活用品等。对称物体给人以安详、稳定的美感，所以对称美也是各种形式美中最为重要的一种形式。

图2-4　对称的枫叶与蝴蝶翅膀

在服装设计中，杂乱无章、毫无美感可言的服装形式很难让人们所接受。但这里并不是要否定非对称事物给我们带来的美感，当我们看到江河湖海、荒漠沙丘、奇山怪石及漂浮不定的白云等自然景观时，常常会心潮澎湃，为大自然的鬼斧神工创造的壮丽之美所折服。所以在形象艺术、建筑等领域的设计中，艺术家和设计师们也经常以非对称的手法进行设计和创造，那些作品也同样会给我们带来无尽的审美感受。所以在服装设计中为了追求这样的美感或个性需求，也会运用一些非对称手法，一般在基本对称的原则基础上，再结合其他美学原理进行局部的非对称设计。

在服装设计中，采用对称形式的最多，这是因为人体结构本身就是对称的，对称形式的服装最为合体，可以很好地满足服装的机能性要求。穿着对称形式的服装感觉也最自然、最舒适，能给人心理上的安定感。当需要强调变化或动感时，可以在对称形式的服装上点缀一些小饰品。对称的表现形式也有很多种，其中最基本的形式有单轴对称、中心对称、旋转对称和平行移动对称等。

单轴对称只有一条对称中心线，使形式元素处于该轴线两边形成对称格局。对称轴线倾斜角度不限，但在服装设计中以纵轴对称形式居多（图 2-5）。

图 2-5　对称在服装中的应用

2. 均衡

均衡是一种非对称平衡，是将不同的造型要素通过一定手段组合求得的一种心理平衡感觉，如色彩、形状或材料在服装上下、左右和内外之间的呼应关系等。与对称相比，均衡在空间、数量、间隔、距离等要素上都没有等量关系，它是在大小、长短、强弱等对立的要素间寻求平衡的方式。均衡的真正意义就在于在不对称中由相互补充的微妙变化形成一种稳定感和平衡感。设计这种均衡形式需要有较高的感知能力和创作技巧，还要有较好的判断力和审美观。均衡应用在服装设计中，更能表现出变化和个性特点。如在设计偏领或偏襟服装时，必须仔细推敲其大小比例关系或者饰物的位置，一般会把饰物放在面积小的部分，否则就会显得失衡；如用不同颜色的面料拼接时，通常都是亮颜色的面料面积较大，暗颜色的面料面积较小，这样就取得了面积与明暗的平衡。

在服装设计中，均衡多用在不对称服装的轮廓造型、分割、镶拼，以及上下装的平衡等设计中。有很多非对称服装左右的两侧形状并不相等，而且材质、色彩也不相同，这时可通过不同形状的呼应、不同材质的增减等在视觉上形成一种等量的感觉，就会使本来不对称的造型取得形式上的心理平衡。为了顺应人体结构，服装往往采用对称的公主线、颡道线、领子、袖子或口袋等形式，为了在这一安定的对称布局中求得变化，细节设计中就可以设置一些不对称的均衡因素，取得动静统一的变化效果。

例如，传统西装本来是完全对称的造型形式，在左前片上加一手巾袋，虽然颜色和材质没有变化，但还是给人以变化感。通过加减设计对形的补充以达到平衡是服装设计中经常采用的手法，它让人觉得时髦而有个性。如将一侧的领部或一侧的肩部设计内容减少直至减掉，在这种设计中为了取得造型上的平衡感，往往在被减掉的位置用加法设计添加一些风格相协调的装饰部件或其他造型。这种平衡形式在晚礼服设计或前卫风格服装设计中采用得比较多，如一边有肩、一边露肩的晚礼服，通常在露肩的一侧加上蝴蝶结等装饰。由于人体结构的上下非对称性，在上下装的平衡设计中几乎不用对称，均衡使用得则比较多，通过形的呼应和形式上的等量设计取得平衡的效果（图2-6）。

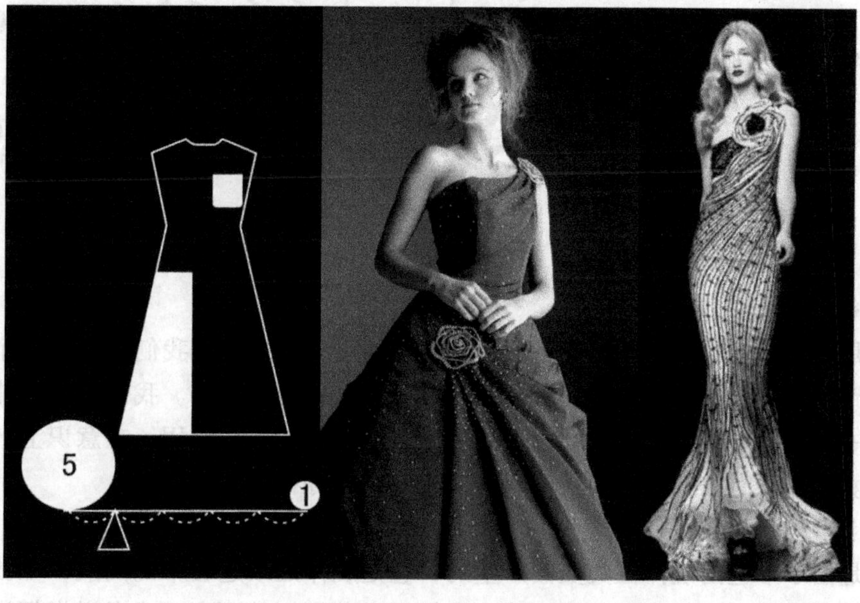

图2-6　均衡在服装上的运用

五、旋律与节奏

在我们的日常生活中，每天清晨太阳升起，傍晚夕阳西下；每年四季更迭，循环往复；人的呼吸、心跳、睡眠、吃饭、运动、工作等都按照自然规律重复。人类在对大自然的奇妙感动与惊叹之余，也与自然的旋律和节奏产生了共鸣。

旋律与节奏原本是音乐术语，是指声响持续时间和强弱变化给人的听觉感受。音乐节奏感来自于规律性重复的现象，具有时间性瞬变的特征；音乐旋律感来自于阶段性连续变化的感受，具有时间性缓慢推移的特征。与音乐中的旋律和节奏相似，视觉的韵律与节奏感，是指人们对看到的形与色的规律性变化产生的感受，所呈现出的音乐般的美感。

旋律感和节奏感都是在变化中产生的，如果没有变化，旋律和节奏就无从谈起，变化是旋律和节奏的形成要素。就像我们不能在无声世界或电源的嗡嗡声中感受到任何旋律和节奏感一样，我们同样也不会从眼前的一张白纸或白纸上的一条直线中感受到任何旋律和节奏感。延续的变化虽然能够产生悠扬的旋律感，但有时会显得贫乏和呆板，就像自然界刮过的一阵风声，或像白色T恤胸前上印制的一个品牌的商标图案；规律性的扬抑重复虽然能够产生节奏感，但同样会让人觉得枯燥无味，比如滴答的钟表声或衣服上的一排纽扣。不过，要辩证地看待单纯的旋律或节奏在服装设计应用中的作用，比如单纯的商标图案或有序排列的纽扣比较醒目，容易被人注意并形成视觉焦点，会起到画龙点睛的作用。总体来讲，旋律与节奏相互交融时，才能演奏出动听的音乐或描绘出美丽的图画（图2-7）。

图2-7 旋律与节奏

1. 旋律

旋律是视觉随着形色的延续性运动产生的一种心理感受。如我们可以从一个单纯的圆形中感受到的旋律感，是通过目光沿渐变的圆形移动轨迹形成的。我们之所以能在没有运动的造型中感觉到动感，是因为形色会对目光起到一定的诱导作用，在意识上产生运动般的旋律感。旋律感有一定的方向性、运动轨迹和趋势等特征。

2. 节奏

节奏是由于形色的规律性突变而产生的，它是旋律延续过程中的间隔，如我们会从螺旋式曲线运动中产生重复运动的节奏感。根据视觉节奏间的距离，或者说根据视觉旋律的长短，视觉节奏也有快有慢。节奏的强弱取决于形色突变前后的差异大小，其强度变化也会使旋律感产生一定的变化。视觉形象随节奏与旋律产生的变化效果，使物质世界变得丰富多彩。

（1）规则性节奏　规则性节奏是由造型要素的等量节奏间距形成的，如路两旁的电线杆、路灯等都是以同样的高度和相同的距离等间隔地排列于道路两旁的，这时人的目光会自然地按照一定的方向被诱导。服装设计中的扣子排列等也会产生相同形式的旋律，这种规则性的重复所产生的旋律，具有清晰、简洁、明快的特点（图2-8）。

（2）变量节奏　造型要素之间的节奏间距有长短变化，由于在大与小、长与短的对立间引导着人的目光移动，因而产生了节奏的变化，给人感官上带来刺激，具有变化的、动感强烈的效果。我们常看到一个接着一个的海浪拍击海岸的情形，若把惊涛拍岸的那些不

图 2-8　规则性节奏

可思议的不定曲线组合在一起，就会形成一种延续不断的重复现象，这种抑扬顿挫的强弱变化，构成了不规则旋律的美感。服装设计中的碎褶、荡褶等都能创造出这种妙趣横生的效果，这就是变量节奏中的旋律（图 2-9）。

图 2-9　变量节奏

（3）等级渐变性节奏　各要素按等比或等差的等级关系构成的渐变性节奏变化，也是一种变量节奏。等级渐变性节奏是很自然的层次变化形式，将目光从一方诱导到另一方，具有舒缓的视觉刺激性。一颗石子落入静静的湖面，会荡起美丽的涟漪，波纹向外扩展，虽然也是有规律的展开，但涟漪的高度渐渐降低，间距渐宽，并一直按着这种秩序扩展、变化，这就是等级渐变性节奏。等级性的旋律变化会给人方向性的自然运动感。这种形式的旋律，除间距、长度之外，大小、形状、配色等也会发生类似的等级性变化。这种等级渐变性节奏自然、柔软、饱含趣味性，与不规则旋律变化相比显得要静一些（图 2-10）。

图 2-10　等级渐变性节奏

（4）色彩节奏　色彩节奏是三种以上的颜色反复重复出现而形成的，以色彩构成形成旋律。与形体构成的节奏一样，重复得越多，对目光的诱导越强，节奏感越强。由于不同的重复变化，色彩节奏可分别产生动感、明快感、静感等效果。

由于色彩具有明度、纯度、色相三属性，除单纯的重复外，如果再充分利用色彩的三属性，就可以表现丰富多彩的色彩节奏效果。其中最常见的就是采取渐变的形式，利用三属性的变化表现出沉静的旋律感。色彩的这种等级性渐变被称之为阶调，因此可分为明度阶调、纯度阶调、色相阶调三种类型。在实际的色彩构成设计中，可以将这三种色彩阶调形式综合为一体应用。

明度阶调是指色彩从明到暗或从暗到明的自然过渡中产生的层次效果。无彩色系的白、灰、黑的渐变是明度阶调，相同色相的色彩，如蓝色从明到暗的渐变也是明度阶调。

纯度阶调与明度阶调一样，是从纯色自然过渡到浊色的渐变过程，是由于纯度的自然过渡对目光引起的诱动。

色相阶调是指色彩按光谱的红、橙、黄、绿、蓝、靛、紫顺序排列，犹如七色彩虹那样绚丽。

六、比例

美的造型，必须有出色的比例，失去这种比例就失去了协调性。采用合适的比例是造型美的重要手法。比例一般有“分割比”和“分配比”两种类型，比如服装分割线的位置确定可以形成分割比，领子与服装整体之间的大小关系形成分配比。然而这种比例关系不能单方面考虑外形美感，还要注意与服装的功能性、人体结构与机能的完美统一。服装设计要根据人体结构进行，但着装者不可能都有美的比例，因此还要考虑在补偿人体缺欠的同时调整服装的比例关系。常见的比例有黄金比（图 2-11）、方根比（图 2-12）和等差比（图 2-13）等。在服装设计中，可按服装种类和部位分别从中选择最适合的比例。

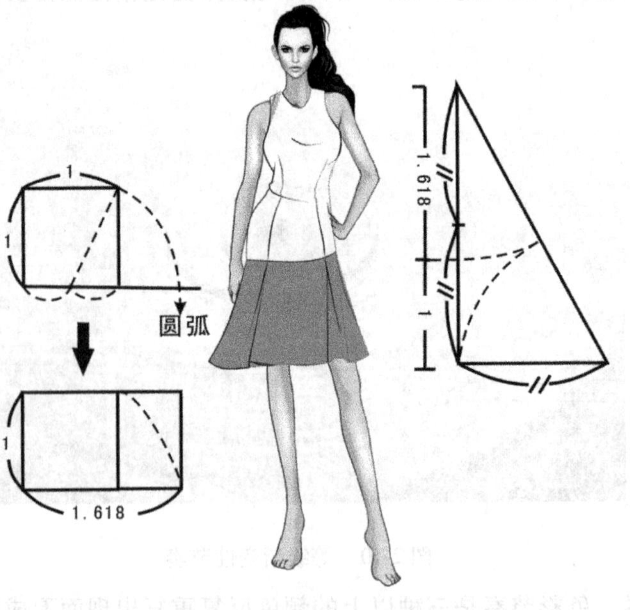

图 2-11　黄金比及其应用

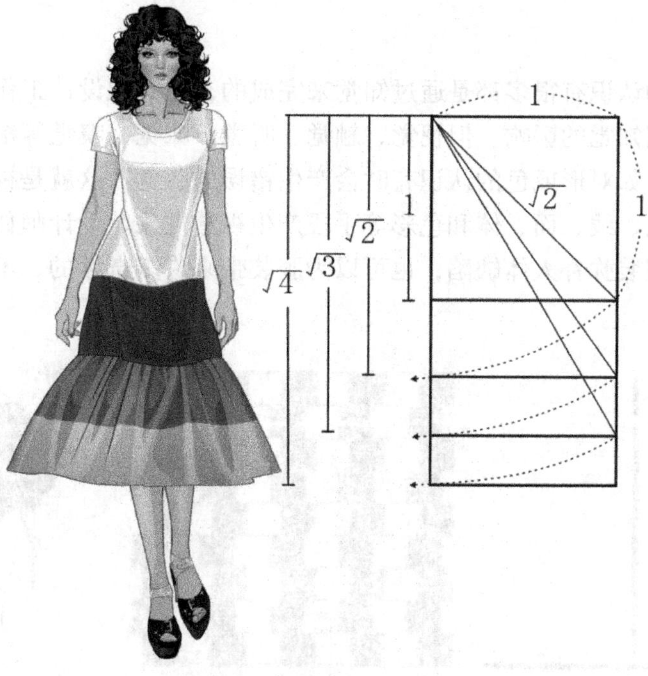

图 2-12　方根比及其应用

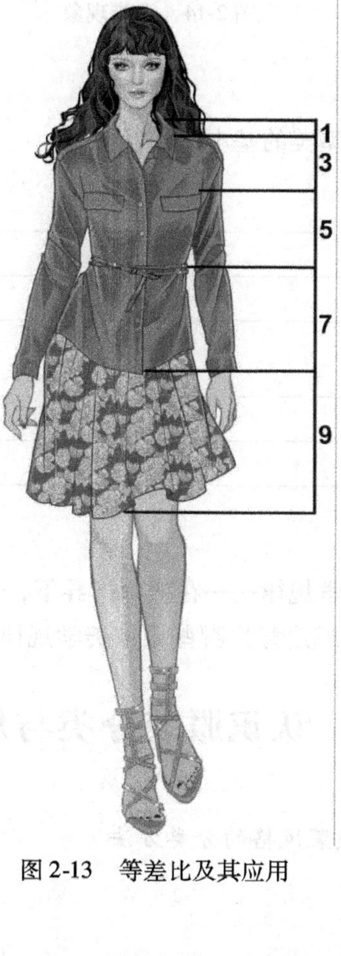

图 2-13　等差比及其应用

七、视错

我们对世界的认识有很多都是通过知觉来完成的，尤其在设计工作及艺术创作中，对美的认识直接受到知觉的影响。但视觉、触觉、听觉、味觉、嗅觉等都有可能在感觉的基础上发生错觉，比如对形或色的认识有时会产生错误的感觉，这就是视错现象。在实际应用中，可以运用点、线、面、体和色彩等手段产生视错现象。设计师如果巧妙地利用这种错觉，既可以使服装弥补人体缺陷，也可以为服装带来许多奇妙的、不可思议的错觉现象（图 2-14）。

图 2-14　视错现象

?! 小问号

为什么说统一与协调是造型美的基本原则？

我的收获 ______

我的疑惑 ______

任务测评

指出同学着装中蕴含的美学规律——在教师指导下，上台展示你目前的着装，让同学们指出和评述你的着装符合（或违背）哪些服饰美学规律。

任务 3　认识服装分类与风格分类

任务目标　掌握服装类别和服装风格的分类方法。

一、服装的分类

服装分类颇为复杂，从不同的分类角度可以划分出许多不同的类别名称。在具体的服装分类中，一般使用单纯分类和复合分类两种方法加以描述。单纯分类法使用单一的分类名称，简单地概括服装类别，如男装类或女装类、西服类或衬衫类等；复合分类法集多种类别名称于一体，较为翔实地说明某种服装类别，如黑色毛料男礼服大衣、印花丝绸女衬衫等。企业一般以复合分类法来划分服装系列，设计师必须准确地把握服装的种类，进行产品设计开发（表2-1）。

表2-1 服装的分类

序号	类别项目	类别名称
1	性别	男装、女装、中性装
2	年龄段	婴儿服、幼儿服、童装、少年装、青年装、中老年服装
3	历史年代	原始服装、古代服装（可按各朝代区分）、近代服装（可按时期区分）、现代服装（仍被现代人穿着的各类服装）
4	季节	春装、夏装、秋装、冬装
5	款式品种	衬衣、西服、夹克、大衣、连衣裙、裙子、裤子等
6	部位或次序	上衣、下衣、内衣、中衣、外衣等
7	时间	晨装、昼装、晚装
8	场合	家居服、外出服、休闲服、运动服、工作服、商务装、礼服等
9	风格	古典、民族、都市、绅士、淑女、运动、休闲、嬉皮、朋克、混搭等
10	用途	时装、工装、制服、运动服装、影视与舞台服装、比赛服装、发布会服装等
11	标志	民服、官服、学位服、法官服、军衔服、警衔服等
12	国别与民族	中外各个国家、各个民族的传统服装
13	职业	军队、警察制服，民航、铁路制服，学生、教师制服，医护服装，饭店等各类服务业工装，厂矿企业以及危险作业的劳动保护服装，具有标志性或警示性的工作服等
14	体育运动	足球、篮球、体操、游泳、滑雪、赛跑、赛马、赛车、钓鱼、登山等各类体育项目的着装
15	特定用途	囚服、病号服、航空服、航天服、潜水服、防火服、防寒服、防生化服装、宗教服装、仿生服装、伪装服、创意服装等
16	纤维属性	天然纤维服装（棉、麻、丝、毛等）、化学纤维服装（合成纤维：涤纶、锦纶、腈纶、氯纶、维纶、氨纶等；人造纤维：粘胶纤维、醋酸纤维、铜氨纤维等）
17	织物属性	梭织服装、针织服装、手工钩织服装、无纺服装等
18	材料属性	纺织服装、皮革服装、裘皮服装、塑料服装、金属服装等
19	面料工艺	扎染服装、蜡染服装、绣花（刺绣、补绣、珠片绣）服装、抽纱服装、水洗服装、砂洗服装、缂丝服装等
20	面料花色	单色（素色）服装、条格服装、图案花型服装、拼接混色服装等
21	层或填料	单衣、夹衣、棉衣、羽绒服等
22	生产、经营方式	高级定制服装、高级成衣（工业化生产的小批量服装）、大众成衣（工业化生产的大批量服装）、普通定做服装和自制服装等
23	专业生产方式	牛仔服装、皮革服装、裘皮服装、羽绒服、西服、职业装、内衣、针织服装、钩编服装、绣花服装、防水服装、戏剧服装、婚纱礼服等
24	价格档次	低档服装、中档服装、高档服装

二、服装的风格分类

服装风格，是人们对看到的服装与记忆中感觉相似的服装相联系产生的联想。英语中分别用Style（风格、样式、格调）和Look（看、面貌、形象）表述。对于服装设计师来说，风格就是服装的灵魂，设计中失去了风格，也就失去了设计的方向，结果会使设计变成杂乱无章的拼凑。服装风格不仅表现了设计师独特的创作思想和艺术追求，同时也传达着着装者的审美意趣，反映出鲜明的时代特色。

服装风格多样，有许多风格名称。就像服装分类法中有单纯分类和复合分类一样，服装风格既有单一风格也有混合风格。可以从民族、地域、历史、艺术和形象等不同的角度来划分服装风格（表2-2）。

表2-2 服装风格的分类

序号	类别项目	风格名称
1	民族风格	中式风格、日式风格、韩式风格、苗族风格、藏族风格、蒙古族风格、因纽特风格、伊斯兰风格、波西米亚风格、印第安风格等
2	地域风格	南亚风格、中东风格、北欧风格、南美风格、非洲风格、丛林风格、海滩风格（夏威夷风格）、雪域风格、沙漠风格、西部牛仔风格等
3	历史风格	史前风格、汉代风格、唐代风格、清代风格、古希腊风格、中世纪风格、帝政风格、未来风格（超现实风格或前卫风格）等
4	艺术风格	巴洛克（Baroque）风格、洛可可（Rococo）风格、波普（Pop）风格、朋克（Punk）风格等
5	形象风格	男性风格、女性风格、中性风格、白领风格、都市风格、宫廷风格、乡村风格、劳动风格、军旅风格、运动风格、休闲风格、解构风格、混搭风格、流浪汉风格、海盗风格、超人风格、卡通风格（动漫风格）、童趣风格、拟物风格等

时代的变迁、社会的进步与发展，使人们的审美意识也随之发生变化，现代人在追求自我人生价值、突出个性表现等意识上表现得极为强烈。当我们回首往昔时，那些与众不同、特点鲜明的服饰便会闪现在眼前。服装风格表现在具体的着装中，就是通过选择服装的色彩、款式和材料，配合发型、化妆及首饰和鞋帽等配件饰品，营造适合于自身气质的着装风格与形象。

对于女性服装的风格，服装界普遍使用的是下面八种感性分类（图2-15）。该图类似于色彩学中的色相环，“米”字图形上每条线段的两端分别为相互对立的风格，而邻近的风格较为相近，也有相互兼容的现象。下面分别就这些风格形象进行详细说明。

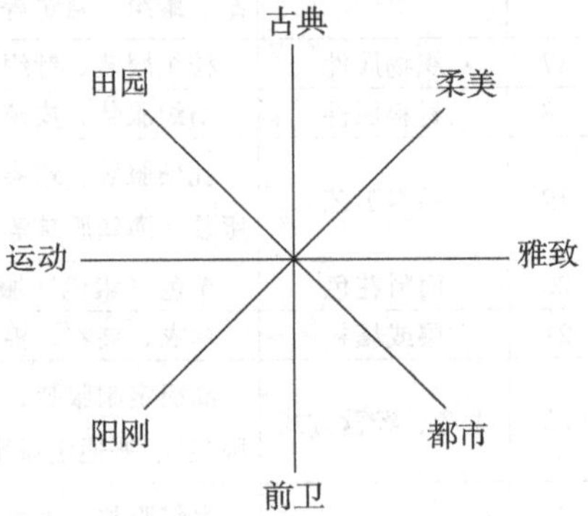

图2-15 服装感性分类

1. 古典风格

古典风格指正统的、传统的保守派风格，是不太受流行左右的一种服装形象。基本型的正统西装最具有代表性，多使用黑、灰、白、藏蓝、深棕、墨绿等沉静色彩的单色及条格面料。

现代服装设计中的古典形象，其灵感源于古典服装，追求严谨而高雅、文静而含蓄，是以高度和谐为主要特征的一种服饰风格。古典风格的服装一直被大众认可，并不断被推上时尚的潮头，因此，在后人眼中它就成为了古典主义服装，如20世纪初期的CHANEL套装和具有英国传统服装造型特点的燕尾服等，在当时都是颇具前卫风格的形象，但现在看来都成了古典风格的代表（图2-16）。

2. 柔美风格

柔美风格指甜美、柔和、富于梦幻的纯情浪漫形象，是纯粹表现女性柔美的服装形象。设计上一般使用柔软的造型，飘逸的流动线条，纤细、薄软、华丽透明的面料等；色彩多用浅淡、柔和的色调，如白色、浅藕色等。局部常采用波形褶边、花边等进行装饰，或表现少女的天真可爱，或表现大胆、性感、女人味十足的风格等，可完美地表达这一形象主题。婚纱是最具代表性的柔美风格服装（图2-17）。

3. 雅致风格

雅致风格指优雅纤弱的服装形象，表现出了成熟女性脱俗考究、优雅稳重的气质风范，多以女性自然天成的完美曲线为造型要点。最具代表性的服装是用有精细花纹、柔软的丝绸面料设计制作的礼服，色彩多为柔和的色调（图2-18）。

图2-16 古典风格

图2-17 柔美风格

图2-18 雅致风格

4. 都市风格

富有时代内涵，机能性强，脱俗、考究、冷静的都市风格，是与田园风格相对立的形象。设计上多采用无彩色或冷色系色调，由立体而有棱角的直线构成，与都市建筑及宽广笔直的马路相呼应，创造出一种简洁利落的现代化景观。简练的造型也表现出了现代化都市的紧张节奏气氛，具有强烈的时代感（图2-19）。

5. 前卫风格

前卫风格是指从抽象、超现实的前卫艺术、朋克文化、动漫卡通、街头艺术等获取灵感的风格，服饰造型追求新异、奇特，表现出一种对传统观念的叛逆和创新精神，是对经典美学标准进行突破性探索而寻求新方向的设计，常用夸张、卡通的手法处理形体与配色及选择材料。前卫风格的造型特征以怪异为主线，所以比较古怪少见，富于幻想，它可以把宇宙的神秘感形象化，创造出超现实的抽象造型，或突出表现诙谐、幽默、悬念、恐怖、黑暗的效果，是对现代文明的嘲讽和对传统文化的挑战，追求离经叛道与标新立异的美。如采用洗褪了色的材料和打补丁、撕裂等破坏手法，表现衣衫褴褛的形象；或佩带短枪、匕首，披挂盗抢来模仿影视剧中的海盗形象，身穿混搭的万国服饰等（图 2-20）。

6. 阳刚风格

吸纳了男性服装要素的女子长裤套装等形象，表达了追求自立精神的新女性魅力，与柔美风格形成对比，其中有“假小子”、“花花公子”和中性风格等形象（图 2-21）。

图 2-19　都市风格

图 2-20　前卫风格

图 2-21　阳刚风格

7. 运动风格

从运动装、工装、军服等获得灵感和启示，具有运动休闲感的服装风格，与雅致风格形成对立。运动风格根据灵感源可以分为专业运动风格、休闲风格、防寒服风格、工装风格、猎装风格及军服风格等（图 2-22）。

8. 田园风格

田园风格是指从欧洲的民族服装或美国垦荒时代的服装中获取灵感，并展开联想所得到的服装设计风格，包括具有浓厚乡土气息的乡村农民形象，俄罗斯、原始美国和美国西部等乡村风格。亚洲、非洲、中东、南太平洋、南美洲等不同的民族服装形象又称民族风格，包括东方风格、非洲风格、热带民族风格等，这类服装风格同样具有田园风格特点。这类服装的造型、色彩、材质等设计特征大多依据其灵感源进行确定，既可以是古朴、含蓄的，又可以是热情奔放的。田园风格吸取了民俗和民族传统服饰的精髓，再找到与时尚

图2-22 运动风格

的融会点，吸收时代的精神、理念，加入时代的新材料以及流行色等，去诠释一个民族传统、精神文化的博大精深，营造出与现代服饰理念相结合的服装风格形象。

田园风格也从大自然中吸取灵感，把触角时而放在古朴的乡村，时而放在大漠荒丘、原始森林及高山雪原，在大自然中找到自己的精神寄托，表现出大自然恬静的永恒魅力，使着装者能够寻觅到那种超凡脱俗的情趣。因此，设计上也常常不加任何装饰、使用自然宽松的线条，色彩以白色、天然纤维色、树木、花草、地球色等天然素材的本色为主，选用质感有干燥感、粗糙和传统手工感的材料，营造回归自然、崇尚自然的感受。生态环保、原始风貌、回归自然等设计主题都可以与田园风格相结合（图2-23）。

图2-23 田园风格

工具箱 你衣柜或衣箱中的服装和服饰品。

小问号

1. 你衣柜或衣箱中，有没有从来不穿或很少穿着的服装，为什么？
2. 你平时所穿服装大多是哪一种风格类型，觉得有必要调整一下吗？

我的收获 ____________________

____

____

我的疑惑 ____________________

____

____

任务测评

1. 整理你的衣物，通过整理自己衣柜或衣箱里的服装，深入认识服装的分类方法，并养成良好的生活习惯。

2. 将自己所拥有的所有服装进行分类，寻求最佳的搭配组合，着装后拍照，指出其着装风格。

3. 收集图片资料。每位学生必须持有2本以上近年出版的时装杂志，作为本课程的学习参考资料。另外，还要收集电子图片，并建立自己的服饰图片分类库，可以通过网络浏览国内外知名品牌的网页，下载精彩的服饰图片，收藏到相应的分类文件夹中。

任务4 认识服装面料的材质与质感

任务目标 了解服装材料的质感类别和特点，能够在日后的服装设计中得到应用。

一、轻薄型面料

轻薄型面料受重力影响较小，飘逸感往往大于垂感，种类主要有雪纺、真丝薄织物、薄纱等，可表现面料线条的流动感，适合制作松散型或有褶裥效果的服装（图2-24）。

二、透明型面料

透明型面料质地轻薄而通透，具有优雅而神秘的艺术效果，包括乔其纱、缎条绢、化纤蕾丝等面料。为了表达面料的透明效果，常用在服装的最外层，例如在礼服、婚纱等设计中使用（图2-25）。

图 2-24　轻薄型面料

图 2-25　透明型面料

三、柔软型面料

柔软型面料一般悬垂感较好，造型线条光滑，服装轮廓自然舒展。柔软型面料主要包括织物结构疏散的针织面料和悬垂感强的冰丝面料等。这类面料在服装设计中常采用直线型简练造型，体现人体的优美曲线（图 2-26）。

图 2-26　柔软型面料

四、挺爽型面料

常见的挺爽型面料有棉布、涤棉布、亚麻布和各种中厚型的毛料和化纤织物等。该类面料制作的服装一般轮廓清晰、线条流畅合体，能够突出服装的精确造型，例如西服、套装等（图2-27）。

图2-27 挺爽型面料

五、光泽型面料

光泽型面料的服装表面光滑并能反射出亮光，光影效果明显，明度反差大，有熠熠生辉之感。这类面料包括缎纹结构的织物等，最常用于晚礼服或舞台表演服中，产生一种华丽耀眼的强烈视觉效果。光泽型面料在礼服的设计中造型自由度很广，可有简洁的设计或较为夸张的造型方式（图2-28）。

图2-28 光泽型面料

六、厚重型面料

厚重型面料厚实挺括，能产生稳定的造型效果，包括各类厚型呢绒和绗缝织物等。其面料具有形体扩张感，服装造型饱满、有体量感，能形成造型鲜明的服装轮廓。设计中不宜过多采用褶裥和堆积，以A形和H形造型最为恰当（图2-29）。

图2-29 厚重型面料

七、绒毛型面料

绒毛型面料的服装在光照下呈漫反射，光影效果弱，明度反差小，色彩沉稳、真实。用这类面料制作的服装结构线条和层次感不明显，看起来一般比较简洁，所以要避免强调结构感的设计。绒毛型面料主要包括毛皮、丝绒、平绒、灯芯绒、哔叽绒、毛衣等表面带有绒毛的面料（图2-30）。

图2-30 绒毛型面料

八、粗糙型面料

一般为纱支较粗、表面织纹明显的面料，或有较强肌理感、质感粗糙的面料。用其制作的服装风格豪放，如果与其他质感的面料适当搭配，会产生较强的材料对比效果。粗糙型面料包括花呢、手工编织或材料表面有附着物的特殊面料等（图 2-31）。

图 2-31　粗糙型面料

小问号

在工艺实习中，你购买的面料属于上述类型中的哪一类？制作出的服装效果如何，为什么？

我的收获

我的疑惑

任务测评

收集布料小样并分类

将通过各种途径收集到的布料小样进行分类，然后将不同质感的材料加以组合，判断怎样的组合富于美感。

结构篇

项目3

服装造型与结构

任务1　认识服装造型方法

任务目标　熟悉服装的造型方法。

人体大致可以简单区分为头部、颈部、躯干部、上肢和下肢这几个基本形体。脖颈和上、下肢分别在颈根、臂根和腿根处与躯干相互贯接，形成其形体界线。依据这些界线划分出服装的衣身、领子、袖子和裤腿等，将它们有机地加以组合，就形成了服装的基本造型。但人体造型不是简单的几何体组合，体表有许多凹凸曲线，如胸、腰、臀等部位。合乎人体形态的服装，会让人觉得穿着舒适、行动方便、活动自如，所以服装造型设计要满足合体、适体这一基本原则。

过分追求某些不适合人体活动特点的服装造型将失去服装的真正意义，因为服装不是供人欣赏的静态艺术品，也不是某些仿生仿物的复制品。在创意服装设计中容易出现这样的问题，比如让模特钻进形似古代建筑、动物或某种物体的布制模型里。当然，服装设计师为了表现自己的艺术创造力，有时也会在时装舞台上发布一些带有仿物特征的、奇特造型的服装。但在造型方法上往往只是对特定物体的局部形状进行了艺术再现，或运用在服装局部装饰的造型设计上，绝不能按形照搬，否则将失去设计的意义。

制作服装的原材料基本上都是平面的，必须要通过剪裁和特定的工艺造型手段，才能制作出既符合人体造型又具有立体美感的服装来。服装造型通常有适体造型和装饰造型两个方面的意义，在服装设计过程中，一定要想象人体的凹凸变化和所需的立体效果，采用相应的造型方法进行设计。常用的造型方法有以下几种：

一、颡缝法

颡缝法即将布料覆在人体上后，为了使服装凹凸适合人体，将多出的余量缝合进去的一种方法。颡缝在服装中有两种形态，一种是从裁片边缘收起的边颡，收进部分呈锥形；

另一种是在裁片内部收起的内颡，收进部分呈枣核形。颡缝通常应用在服装的胸、腰、臀等部位。颡缝法的特点是缝制简单，造型效果明显，服装表面简洁，缝迹的直线效果有一定装饰性。但有颡尖突出，容易引起牵扯而使衣身局部起皱，收进去的多余部分会使缝合部位加厚等缺点，从而影响服装表面的平滑感（图3-1）。

二、分割法

分割法是通过分割线的设计，把服装多出的余量消除在衣片里的一种方法，例如女装中的公主线分割，可以起到突胸、收腰和突臀的作用。分割法的特点是收放自如，适合任何部位，具有很好的造型效果；恰到好处的分割，其缝隙在服装表面留下流畅而富于变化的线条具有很强的装饰性，通过缉明线、夹花边、镶嵌饰品等方法更会给服装添加装饰性元素；同时，通过分割也可以实现服装的材料搭配或色彩搭配。但斜线分割容易拉伸变形，弧线部位较难缝合，分割也会使服装的裁片数量和缝制部位增多，影响生产效率而增加生产成本（图3-2）。

三、褶裥法

褶裥法是通过褶、裥收纳余量，并将其固定在服装缝迹里的一种方法。褶的特点是造型效果显著、突出膨大，收纳量可以通过褶的多少随意调节，穿着宽松舒适等，一般在童装、衬衫、连衣裙和礼服等服装的前胸、裙身和袖子等部位使用；裥的特点是造型收敛、含蓄，服装表面有顺畅的衣纹，适合用挺爽型的面料制作（图3-3）。

图3-1　颡缝法

图3-2　分割法

图3-3　褶裥法

四、堆砌法

一般使用挺括的轻薄型面料，通过对面料的折叠、缠绕、收拢等方法层层堆砌，产生膨大的体量造型。适合于各种面料制作的时装、礼服等较为夸张的服装整体造型或局部造型，如礼服、婚纱的吊钟形裙身造型（图3-4）。

图 3-4 堆砌法

五、衬托法

一般是结合上述造型方法所形成的空间，填充棉絮、海绵、布料等轻薄材料用以衬托造型的方法，如垫肩、胸垫、臀垫、裙撑等。衬托法的特点是造型效果饱满、夸张，有体量感，极富装饰性，也可以起到弥补体形缺陷等作用（图 3-5）。

图 3-5 衬托法

六、塑型法

有些布料可以通过物理或化学的方法，对其平面效果进行立体的形体塑造。服装制作中主要是使用物理塑型法，通过一定的湿度、温度压力和时间控制使织物发生形变并稳定下来，例如手工归拔或使用模具熨烫就是运用了物理塑型法。塑型法的特点是造型部位圆润、饱满，使服装整体造型合体、简洁。但塑型法一般只适用于毛织物，可塑程度有限，容易损伤布料，手工操作对技术要求较高，目前一般只在高档西服生产中使用此方法。

在运动服装和内衣等许多紧身服装设计中，往往使用针织或加有氨纶的面料制作，这样可以利用材料的弹性来适合人体的凹凸变化，或补偿由于运动引起的面料拉伸变形。此方法的特点是不需额外的造型设计，制作工艺简单，穿着效果简洁，适身合体，但会略有紧绷感。

?! 小问号

为什么服装要采用造型手段进行设计？

我的收获

我的疑惑

任务测评

在你和同学们的着装中，主要都使用了哪些造型手段，哪种类别的最多？

任务2　认识服装廓形

任务目标　熟知服装的分类方法和经典廓形。

服装廓形就是服装的轮廓形状，是对服装形制的概括，也是服装结构设计的基础，如在廓形上添加其他的服装结构元素，就构成了一个服装款式。廓形同色彩、材料和款式结构一样，都是形成服饰流行的主要因素。服装造型给人的总体印象就是由廓形所决定的，廓形可以表现出服装的风格和理想的人体形态美；逆光下，廓形甚至先于色彩首先映入人们的视线中。廓形也是服装款式设计的第一要素，廓形的设计也就是把服装做成什么样的形状，完成一个好的廓形需要服装设计师极力推敲，因为它决定了服装的主体主调，并将影响色彩和材料的设计。

服装廓形可以体现出服装的时代风貌。纵观中外服装的发展史，服装廓形一旦发生变化，往往是服装样式的一次革命，是服装发展史上在各朝代、各时期的分水岭。举例来说，第二次世界大战结束后，女装依然留存着战争的痕迹，宽肩、男性化、机械性、军服式等是当时的服装组成元素。1945～1946 年逐渐由这种硬朗的、严肃的感觉向柔和的女性化方向发展。克里斯蒂安·迪奥在 1947 年的首届时装发布会上推出了丰胸、细腰、圆臀、自然肩线、充满了女性特色的“新风貌”（New Look）时装，以其优雅成为具有革命性和历史性的转折性佳作。随后的 10 年内，他又推出了一系列字母造型时装，分别用 A、H、Y 等英文大写字母来比拟他作品的廓形。20 世纪 50 年代的字母形、60 年代“迷你”型的直线形短裙、70 年末的倒三角形及喇叭裤、80 年代初的长方形和宽肩的倒梯形等廓形，都是当时时尚流行的缩影。

各个时期的服装都有着不同的轮廓造型，这些廓形的变化构成了一个时尚循环，是流行变化的重要标志之一。因此，每年服装流行发布的要点之一就是廓形，通过对廓形的定性来传递最新流行信息和指导穿着方向。研究时装完全可以由廓形的更迭变化，分析出服装演变发展的规律，预测未来的流行趋势。但描述服装廓形的专业名词众多，不易记忆，还易混淆。为了帮助大家快速理解和记忆，下面对描述廓形的主要方法进行归类说明。

一、字形法

主要使用英文字母中几个具有象形意义的大写字母，如 A、H、O、P、S、T、V、X、Y 来描述服装廓形，此法使用语言或文字表达，通俗易懂，有很高的概括性。但此法所能够描述服装廓形的字形数量极其有限，无法满足现代服饰发展对服装廓形表述的需求。字形法是早期的时装设计大师们创造的，往往用于服装史上非常经典或国际著名服装设计师的代表性作品。如迪奥的 A、H、Y 等廓形，后来也有许多服装设计师在时装舞台上多次重新演绎了这些经典造型（图 3-6）。

图 3-6　字形法描述的部分廓形

二、几何法

几何法是使用平面几何图形或立体几何图形来概括服装廓形的方法，此法方便实用、通俗易懂，描述范围较广，是目前概括服装廓形的常用方法。几何法可以分为单纯几何法和复合几何法两种形式。

单纯几何法是使用圆形（球体）、椭圆形（椭圆体）、正方形（正方体）、长方形（长方体）、梯形（台形）、三角形（锥体）等简单的平面几何形（或几何体）来概括服装廓形的方法，适用于造型简单的服装廓形。

复合几何法是使用两个以上的几何图形加以复合来概括服装廓形的方法，相同或不同的几何图形通过相互复合，大大地增加了几何法概括服装廓形的范围，一般适合较为复杂的服装廓形描述（图 3-7）。

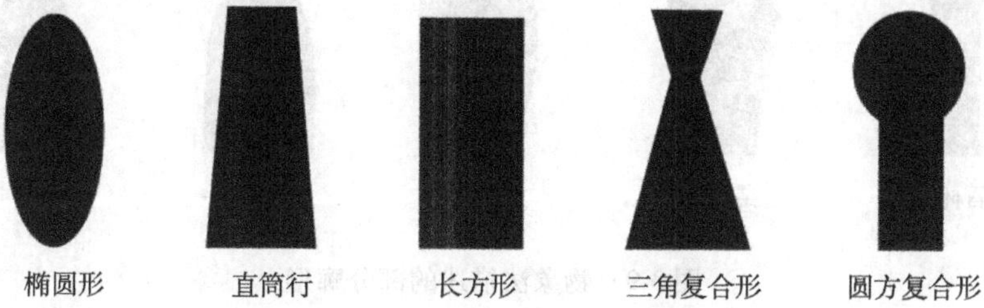

图 3-7 几何法描述的部分廓形

三、剪影法

剪影法是以真实的服装轮廓，以类似剪影的图示来描述服装廓形的一种方法。此法形象、准确，对服装廓形的描述范围更广。使用剪影法表达的服装廓形一般难以用语言表达，但随着服装形态的丰富和“图形文化”时代的到来，此法将会更多地被纸质或电子媒介所使用（图 3-8）。

图 3-8 剪影法描述的部分廓形

四、物象法

用人们熟知的物体形象来描述廓形的一种方法，对服装的描述范围较窄，但通俗易懂。如喇叭形的裤子、吊钟形的裙子、沙漏形的连衣裙、美人鱼形的晚礼服等（图 3-9）。

图 3-9　物象法描述的部分廓形

?! 小问号

你能说出服装史上，都有哪些经典的服装廓形，是哪位服装设计师最初设计的吗？

我的收获

我的疑惑

任务测评

请同学们分别设计具有 A 字和 H 字廓形的连衣裙，画出款式图。

任务 3　认识服装的基础结构

任务目标　掌握服装的各类基础结构，并在服装设计中熟练运用或变化。

服装设计包含作品的内涵和形式。服装内涵通过形式表达，形式则通过服装的色彩、材料和款式呈现出来，即人们常说的服装三要素，是构成服装形式美的基本条件。服装色彩体现于材料之中，材料构成服装款式，各元素之间相互关联，缺一不可。对于服装设计师而言，只有服装款式才是能够随意设计变化的，色彩和材料一般只是选择和应用，因为各色布料是由厂商提供的。当然，有些服装设计师也会对购买回来的材料加以改造，或自行设计并向材料厂商订购。

现代服装设计是在对前人创造的服饰成果加以继承的基础上，进行再创造的一种设计行为。经过长期发展，构成服装款式的结构元素项目如今基本上已被确定。通过对服装的结构元素进行归类后，我们从中发现服装款式的基础结构元素是有限的，主要包括服装廓形、结构缝、分割线、褶缝、边口、领子、门襟、封门具、袖子、口袋、褶裥、面料肌理、装饰、结构层次等。其中每项元素的形式多样，可随意变化，有着无限的设计空间。目前所见的各式服装款式，一般都是对这些构成服装款式的结构元素进行的重新组合或变化。

在这里，我们把服装款式的结构元素项目划分为必要结构元素和可选结构元素两大类。必要结构元素包括服装廓形、结构缝和边口，这三个元素项目是所有服装不可或缺的基本结构元素，可以直接构成较为简洁而平淡的服装款式。其余元素项目则是可选结构元素，包括分割线、褶缝、领子、门襟、封门具、袖子、口袋、褶裥、面料肌理、装饰、结构层次，其中领子和袖子是上衣特有的结构元素，可以根据服装的款式要求或设计需要进行选择。可选结构元素具有一定的实用性或装饰性，适当地融入服装设计之中，可使服装妙趣横生。

一、结构缝

衣料都是平面的各种布料，必须经过适当的裁剪再加以缝合，才能制作出合体的服装，这些缝合部位就会在服装表面形成线迹。长期以来，人们经过对服装各种基本式样的裁剪实践，已经形成了稳定的裁剪方法，裁片也有了相对固定的形状。裁片缝合后产生的缝迹被称为结构缝，如裙子的侧缝、腰头与裙身间的腰缝；裤子的前后裆缝、下裆缝和侧缝；衬衫的肩缝、过肩缝、领缝、袖窿缝、袖底缝和侧缝等。因为在这些部位缝合的衣服最为合体，或能够恰当地表现特定的服装式样，所以这些结构缝就成了基础分割缝，划分出了领子、袖子、前后衣身等服装零部件。精通服装结构的服装设计师，往往会在这些看似一成不变的结构缝上寻求变化，比如将其分解、转移、合并，或采用对其线性加以变化等方法来表现其独特的设计（图3-10）。

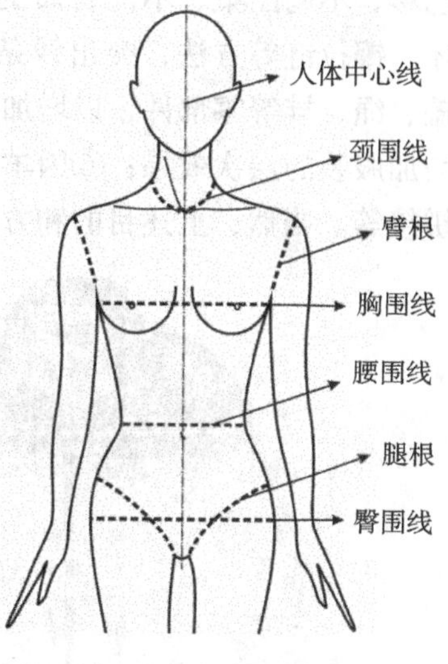

图3-10　服装设计中需要考虑的人体结构部位

初学服装设计的学生经常会忽略结构缝的存在，不在服装效果图或款式图中加以表现，这需要引起注意。结构缝是服装设计中最为基本的设计内容之一，是不可缺少的必要元素。另外，缝本身就是线条，线条美是构成服装美的重要因素，能给服装带来无穷无尽的变化。

二、分割

人们常将做事的完美结果形容为“天衣无缝”，但无缝服装只是理想，很难实现，正如前面谈到的，服装结构缝是服装最为基本的结构元素，是不可或缺的，因此也可以说，天衣无缝的服装绝不是完美的服装。服装上的各种线条使服装款式变得丰富多彩，因为线条本身就是设计美的重要元素之一。分割线可以分为直线、曲线、折线、复合线、象形线、自由折曲线等，还可以分为单线、组线、并列线、交叉线等。

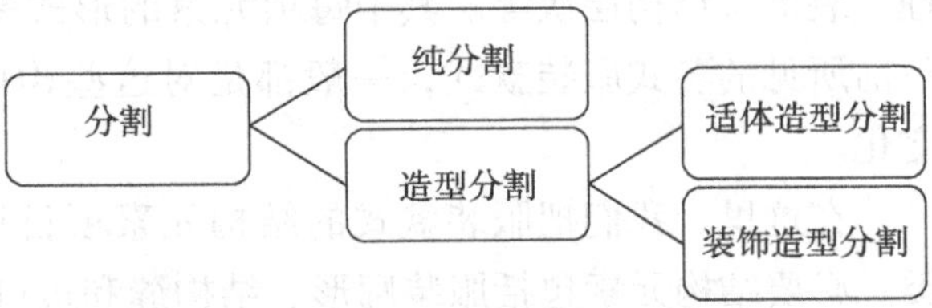

图 3-11　服装结构分割的类型

服装上的分割线，是出于服装结构的需要或为了设计上的变化而存在的，前面谈到的结构缝就是分割线的一种。为了使服装更加合体或为了特定的服装造型等目的，设计中还经常加入纯分割、装饰造型分割和二者兼有的复合分割等（图 3-11）。

1. 纯分割

纯分割是指没有造型意义的分割，一般也称为“拼接”。在缝制工艺允许的条件下，可以在裁片任何部位进行直、曲、折等线形的自由分割裁剪，因为两个裁片的两条边缘的线形完全吻合，缝合后的衣片仍旧平展，不应有任何凹凸出现。纯分割的目的是：①不同色彩、不同图案、不同材质的面料相互拼接，产生特定的对比效果；②通过缉明线、镶牙、镶拉链等方法，突出线条的装饰效果；③嵌入花边、毛边和流苏等辅料，或夹入袋盖、绳、袢等零部件，以增加服装的装饰性元素；④为口袋留存袋口；⑤附加复合结构，增加服装的层次效果；⑥因羊皮等天然皮革的面积不能满足裁片尺寸，或为节省材料进行拼接等。当然，上述目的和方法，同样可以在其他形式的分割中采用（图 3-12）。

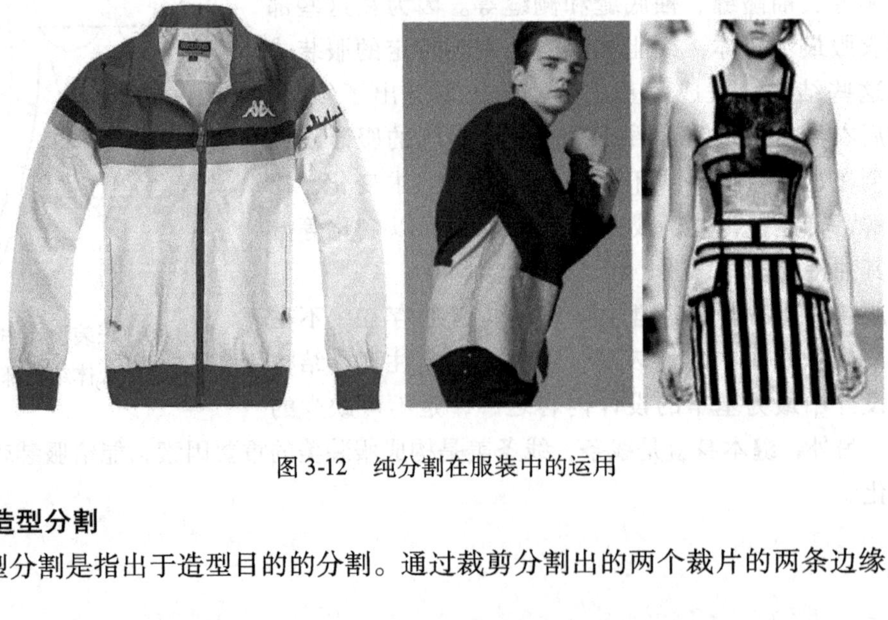
图 3-12　纯分割在服装中的运用

2. 造型分割

造型分割是指出于造型目的的分割。通过裁剪分割出的两个裁片的两条边缘，其线形不能完全吻合，缝合后的衣片产生凹凸现象，以满足造型的需要。造型分割有适体造型分割和装饰造型分割两种。

（1）适体造型分割　适体造型分割是为了让服装的形态适合人体的凹凸部位，使服装合体而设计的分割。前面谈到的结构缝一般都是这类分割。另外，围绕人体的胸、腰、臀、肩胛骨等部位的分割，通过精确的尺寸测量和合适的收放量把控，可以使服装与人体凹凸形态相吻合，如公主线、刀背线等。老一辈从事服装裁剪的师傅将这些线条称之为“艺匠线”，因为设计此类线条是要认真揣摩的，也是可以设计变化的。适体造型分割的主要目标是“三突一收”，即突胸、突臀、突肩（肩胛骨）和收腰。在崇尚人体美的今天，合体的服装更受人们喜爱（图3-13）。

图3-13　适体造型分割在服装中的运用

（2）装饰造型分割　装饰造型分割是为了使服装整体具有特定的造型或塑造服装的局部造型效果所设计的分割。在创意服装设计中，常用装饰造型分割创造一些奇特的造型，如为使肩部、胸部或臀部更加突出和夸张而做的一些分割等。有时为了使服装具有特殊的机能性而采用的造型分割，也会有很强的装饰性，如马裤上极度弯曲的侧缝线塑造出的夸张造型，可以使骑马者在马上运动自如，更加舒适（图3-14）。

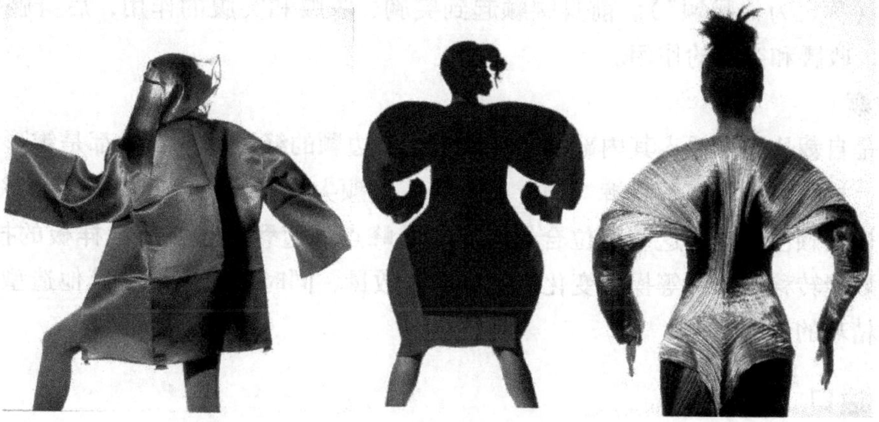

图3-14　装饰造型分割在服装中的运用

3. 复合分割

复合分割是将不同类型的分割加以复合，使分割既有造型意义又有装饰意义。复合分割的巧妙运用，可以使服装在结构上千变万化（图3-15）。

图3-15 复合分割在服装中的运用

三、颡缝

为了使服装裁片的某些部位适合人体造型，或表现一些特定的服装造型，在服装制作中的零部件组装工序前，先在裁片的特定部位上进行局部缝合，使裁片产生具有凹凸感的造型效果，这样在裁片上进行的局部缝合就是颡缝。对于基本型颡缝，缝合前后一般都不需要任何裁剪，但有时为了使服装表面熨烫平展，也可以开剪口或将颡缝豁开。因为颡缝是在裁片的内部进行局部收合，所以会在服装表面看到一条短线段，但不会像分割那样在服装上形成贯穿的线条。颡缝分为内颡和边颡两种基本形式。

1. 内颡

内颡是嵌入裁片内部的封闭颡缝，内颡的缝进部分一般都是菱形或枣核形，常见于上装的腰部（称之为“腰颡”）。前身腰颡起到突胸、收腰和突腹的作用，后身腰颡起到突出肩胛骨、收腰和突臀的作用。

2. 边颡

边颡是自裁片边缘插入其内部的半开放颡缝，边颡的缝进部分一般都是锥形，如服装上的肩颡、袖窿颡、腋下颡和裤（裙）腰颡等。边颡尖端都指向人体的胸部和臀部等突出部位，通过收颡使服装在这些部位合体。围绕乳峰点的边颡通过制图与样板的技术处理，可以进行颡缝转移、分散等操作变化位置和颡缝数量，同时也可以结合其他造型方法，变化出许多精巧的设计。

四、边口

服装各个部位的边缘称之为服装的边口，如领口、袖口、下摆、袋口、腰口、裙摆、裤脚口、开衩、门襟、袋盖等零部件的边缘部位。边口工艺可以影响服装的品质，边口设计也可以左右服装的风格。服装设计师必须认真研究边口工艺和材料，了解需要使用的专用设备。常见的服装边口工艺是采用折边或勾缝贴边的方法，特点是制作简单、边缘光滑。

边口设计常被忽视，其实，服装设计可以在边口处大做文章，使服装呈现丰富多彩的效果。边口多为直线、曲线或折线，也可以为象形曲线、复合线或自由线型等。为了突出边口的装饰性效果，可以通过缝、缉、滚、镶、拼、扦、锈、贴、缀、夹、嵌、锁、铆、粘、勾、绱等工艺技法，将毛条、流苏、绳带、绦子（蕾丝花边）、绣片、串珠、铆钉、罗纹布、松紧带、拉链等辅料固定在服装边缘；也可以将边口进行外翻、抽纱、编结、洗磨、破损、镂空、反缝、打孔、穿绳、抽褶、重叠等方法处理（图3-16）。

图3-16 边口装饰

五、领子

领子接近面部，在人的视平线范围内，是最为醒目的视觉焦点。在上衣的设计中，领子占有十分重要的地位，是所有结构元素中的重点。领子有审美、保暖、卫生、护体等实用功能，也有一定的象征性和标志性，而且在很大程度上决定着服装的风格。适当地调整领子的大小、式样和位置等，可以改善头、颈的视觉比例关系，补偿人体缺陷。设计领子时要善于采用对称设计或非对称设计。对称的领子给人以端庄、稳重的感受，不对称的领子具有动感、时尚的感觉。

领子的设计一般都围绕颈部进行。颈围线在颈根部，经由前颈窝、侧肩点和后第七颈椎点的连接曲线，是区分领型的基准位置。一般将领型分为无领、立领和翻领等形式。立领和翻领是基本领型，设计上也有基本领型之间的过渡型、复合型和领帽结合等形式（图3-17）。

1. 无领

无领是指没有领子结构的服装领口，围绕颈部的领口线条形状就是无领的领型。常见的无领的领型有圆形、方形、V字形、U字形、一字形等。在设计上，主要是通过改变领口线条的形状，调整领口的宽窄和高低；或如同边口那样，对领口采用装饰性工艺等变化方法。

无领是最为简单的基础领型，但效果却因线形和装饰的不同而变化万千。无领设计不仅有直、曲、折的线条形状变化，领口位置也可以横向进行宽度变化，纵向进行高低变

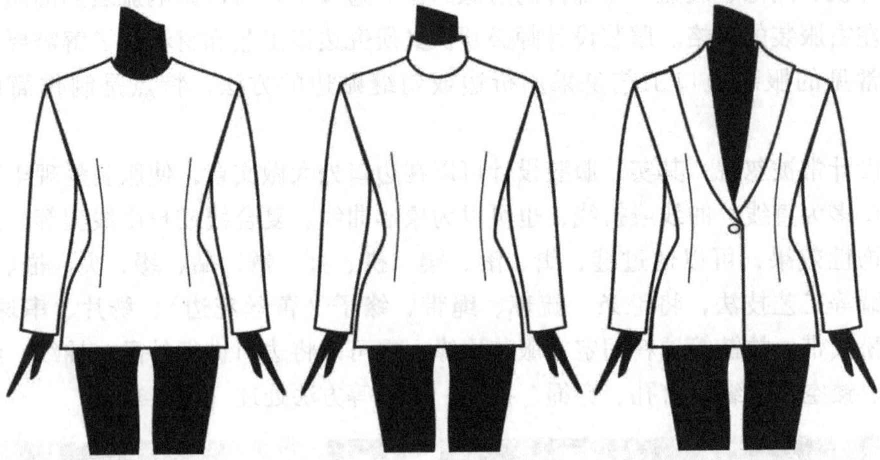

图 3-17 基本领型

化。为了加强无领设计的造型效果，也可以对其边缘缉缝明线，或通过滚、镶、嵌、补、拼、缀等不同的工艺技法进行装饰性变化。无领服装的领口与人体肩颈部的结合工艺有很高的要求，领线太低或太松则在低头弯腰时容易暴露前胸，领线太高或太紧又会让人感觉不舒服。传统服装中的无领衫在清代时使用较多，但那时的领口紧贴颈根，前面系扣袢，略显呆板。现代领口形状可谓丰富多彩，这正是时代进步的缩影（图 3-18）。

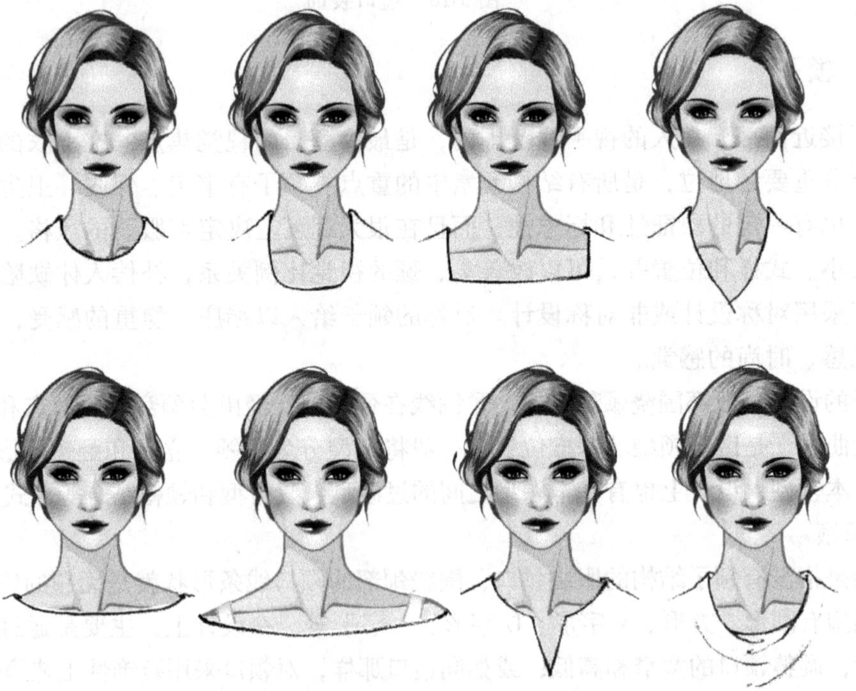

图 3-18 无领

2. 立领

立领是由颈围线向上，竖立在脖颈周围的一种领型，领子与衣身的结合部位在颈围线附近，可根据向上延伸的角度分为直立型、内倾型和外倾型三种形式。内倾型是典型的东方风格立领，这种立领与脖子之间的空间较小，显得比较含蓄内敛；而在欧洲，立领则倾向于外倾型，领型挺拔夸张、豪华优美、装饰性极强（图3-19）。

从结构上看，立领根据开襟形式可分为封闭型立领和开放型立领。封闭型立领只出现在无襟服装的领口处，这类服装需要套头穿，所以开口尺寸要保证头部能够通过，一般使用弹性衣料制作，如毛衫的筒领等。开放型立领有开口，衣领两端分离、相对或重叠，主要出现在半襟或通襟服装上，如学生领、旗袍领、方领等领型。开放型立领有对称和非对称造型，设计上灵活多样、丰富多彩。立领设计还可以进行复合变化，如带有座领的中山装领和男衬衫领，就是立领与翻领的复合，称之为“立翻领”。

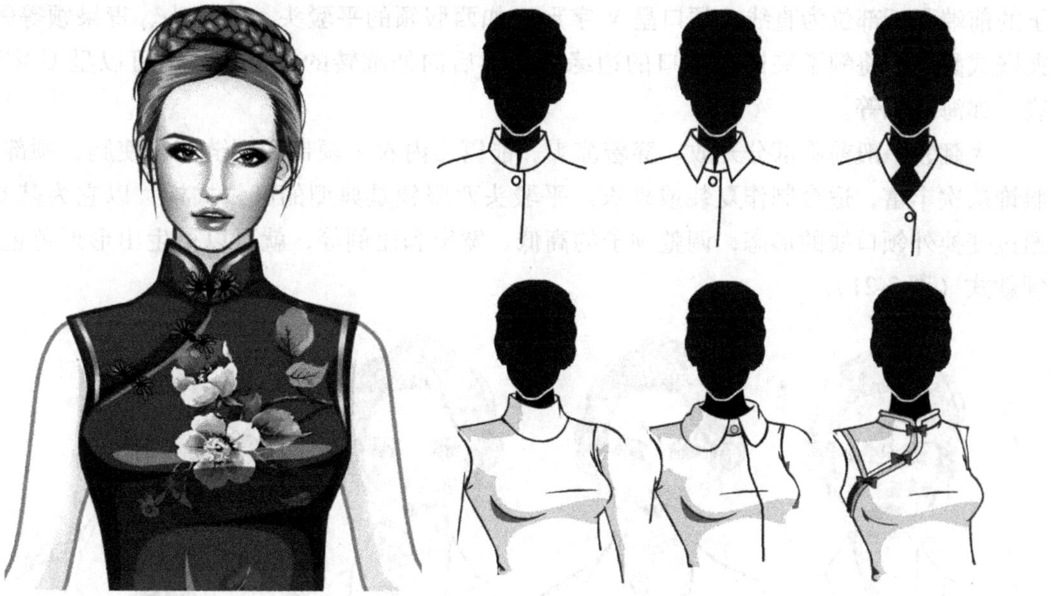

图3-19　立领

3. 翻领

翻领是指翻伏在衣身表面的衣领。翻领的外边口线形变化非常丰富，可分别使用直、曲、折线条，也可以使用复合线条或自由线条。翻领形态一般不受其他因素的约束，可高可低、可宽可窄，变化比立领和无领更丰富，因此设计起来很舒畅，是大多数人喜爱的一种领型。翻领可以分为小翻领和大翻领。

（1）小翻领　小翻领是沿颈围线附近向外翻转的领型，如圆领、Polo衫领等领型（图3-20）。

（2）大翻领　大翻领的前面部分一般脱离颈围线，是远离颈围线翻转的领型，从工艺角度可以分为翻驳领和夹嵌式翻领。从衣襟直接延续并翻转出来的领型称之为翻驳领，领

图 3-20　小翻领

子的前端翻折部位为直线，领口呈 V 字形，如西服领的平驳头、戗驳头、青果领等领型。夹嵌式翻领是将领子夹嵌在领口的边缘处，然后向外翻转的领型，领口可以呈 U 字形曲线，如海军领等。

大翻领一般前胸部分开放，穿着凉爽，能露出内衣、领带和项链等，使胸、颈部位的服饰层次丰富，适合制作夏装或外衣。平驳头西服领是典型的翻领式样，以它为基本型，通过变换外领口线的形态，调整领子的高低、宽窄和比例等，就可以衍生出形形色色的翻领款式（图 3-21）。

图 3-21　大翻领

4. 其他领型

领子还有复合领、徊领、连领等许多变化形。徊领是直接由衣襟向外延续或拼接出来的领型，因为不向外翻转，所以服装胸部平服、简洁。连领是领子与衣身相连的一种领型，一般是由衣身顺着脖颈向上形成的立领形式（图 3-22）。

图 3-22　其他领型

六、门襟

门襟又称“衣襟”，是指为了穿脱方便，在服装上设置的开口。服装门襟与领子相互连带，所以要同时设计。

门襟有半襟（半开放衣身）和通襟（开放衣身）两种形式。半襟服装和无襟服装的衣身为封闭或半封闭的筒形，有自上而下套头穿的“贯头衣”，如衣身宽大的睡衣，合体的针织背心、泳装和T恤等，也有自下向上穿的裙子和裤子等服装。通襟是指衣身上有上下贯通的开口，可以任意开合。门襟的边缘称为“门口线”，门口线可以为直线、曲线、折线和复合线等线形。门襟还有对襟形式和掩襟（搭襟）形式。对襟服装的襟口相对，一般使用拉链或盘扣封口固定；掩襟服装的衣襟左右重叠，相互掩合，一般使用纽扣或子母扣固定，也有用绳带系扎的。

中国古代服装的“交领右衽”，是指衣领绕过颈部交于前中心，左襟掩右襟，相互重叠的掩襟形式。我国的服饰文化传统中，不分男女，掩襟服装都是左身压右身。而现代各国服装，男装一律左身压右身，而女装则左身压右身或右身压左身皆有，但女装右身压左身是主流（图 3-23）。

男装
左身压右身

女装
右身压左身或左身压右身

图 3-23　搭襟的区别

1. 上衣门襟

位置一般在衣身前方，门襟自前端领口的任何位置开始，半襟截止于前衣身内的任何位置，通襟截止于前衣摆的任何位置。大多服装的门襟都在服装的前中心线上，使左右衣身对称，便于穿脱，而偏离中心的其他门襟形式称之为偏襟。

2. 裙子和裤子的门襟

位置一般在裙子和裤子的前后中心和两侧，自腰向下开口，大多为半襟，围式裙子为通襟。

3. 开衩

自下向上的开口称之为开衩，虽然不叫做门襟，但也有与门襟相似的功能。上衣的开衩一般出现在下摆或袖口处，如西服的后开衩和袖口开衩等。裤子和裙子的开衩一般出现在脚口和裙摆处，如旗袍的侧开衩等。开衩可以使服装穿着舒适、便于活动，也增加了服装的结构装饰感。

七、封门具

门襟将服装衣身的局部或全部敞开，使服装穿着方便，但大部分服装都要将敞开的衣身封闭。封闭并固定门襟的服装辅料，我们称之为“封门具”。封门具的种类有纽扣、子母扣、粘扣、锁扣、拉链、绳袢、带卡和别针等，通常以不同材质、形状和颜色的纽扣和拉链为主。封门具的选择要符合服装的风格，也要连同领子和门襟同时设计。

八、袖子

袖子是上衣结构的组成部分，它覆盖上臂形成筒状。袖子的结构形式直接影响服装的肩部效果、腋下袖底的外观、服装穿着的舒适性、衣身的宽松程度和服装造型等。

服装的袖子与衣身相互结合、密不可分，根据它们的结构关系形成，有连袖、插肩袖和装袖三种基础袖型。无论对袖子进行何种设计变化，都难以脱离这三种基础袖型。另外，袖子按长短分为无袖、半袖、短袖、长袖和甩袖（水袖）等（图3-24）。

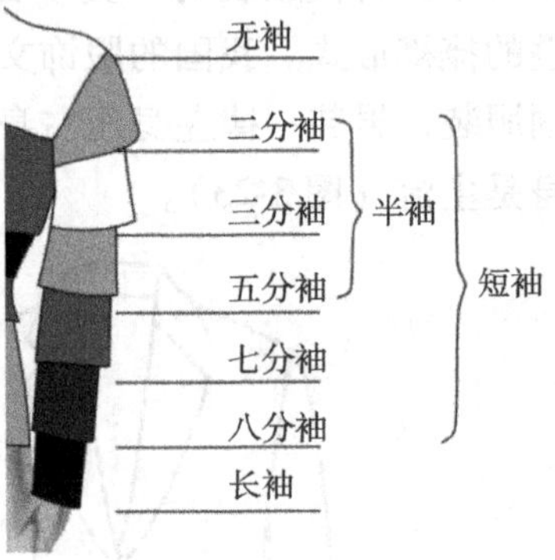

图3-24 袖子长度

1. 无袖

无袖是指上衣在臂根处的衣身收口，没有袖身。无袖服装很多，如背心、马甲和无袖的各类上衣、大衣、连衣裙等。虽然无袖，但可以在服装袖窿的边缘处，按照边口那样进行线条变化或装饰，也可以取得各式各样的设计效果（图3-25）。

2. 连袖

顾名思义，连袖就是衣身与袖子相连在一起的袖型，是最古老、最简单的服装结构形式，民国以前的中国传统服装都是此类袖型。连袖服装造型宽松、穿着舒适、风格古朴，

图 3-25　无袖设计

古代服装的“十字裁剪法”便是如此。衣袖若双臂展开呈水平状，前后衣身和左右衣袖连成一片。水平型连袖是中国古代服装的基本结构特征，水平型连袖导致中国古代服装普遍宽身大袖的造型特点，也使得双臂自然下垂时，产生服装外观在腋下多褶皱、肩部有压迫感、腋下有异物感等问题（图 3-26）。

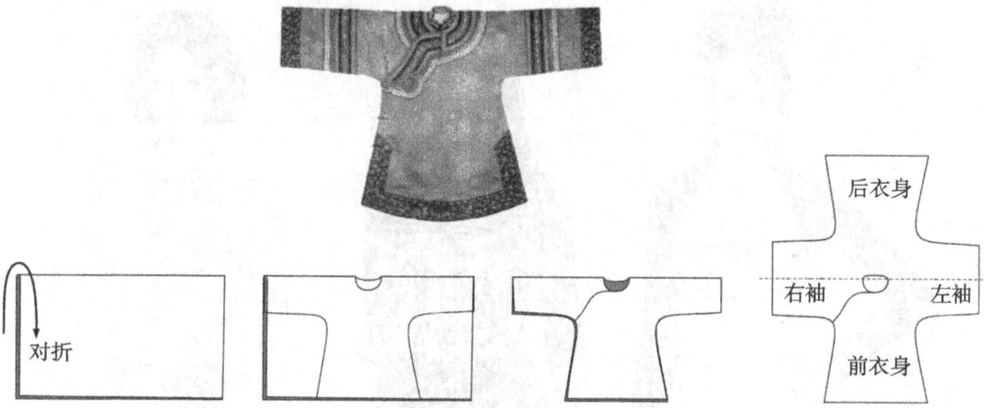

图 3-26　传统的连袖结构

清末民初，随着洋装的盛行，追求紧身合体的服装成为时尚，人们开始对水平型连袖加以改进，首先将前后衣片分开裁剪，分别出现了顺肩型连袖和曲肩型连袖，衣袖的倾斜角度更加接近人体常态（图 3-27）。

连袖的斜度影响连袖服装的合体程度。如果衣袖的斜度小，手臂落下时肩部就会产生不适感，并且衣袖会有吊起和紧绷感，腋下产生褶皱；通过增大衣袖倾斜角度，虽然减少了腋下褶皱、缓解了肩部压迫感和腋下异物感，但又出现了腋下尺寸不足而造成抬臂困难等新的问题。为此，人们又通过在腋下开剪口，插入三角布来加长袖内缝长度，通过这样的补偿措施，确保了腋下部分有足够的运动余量。这样一来，服装前后与侧面的过渡具有了一定的立体感，服装的整体造型也可以做得更加紧身合体。改良旗袍等中式服装便应用了这种方法。

连袖适合制作罩衫、长袍、旗袍、夹克等比较宽松的服装，不适合制作内衣等合体的服装，蝙蝠袖是连袖的代表性袖型（图 3-28）。

图 3-27　连袖肩型

图 3-28　连袖设计

3. 插肩袖

插肩袖是指袖子与衣身的结构缝，自腋下指向肩膀或领窝的袖子结构。插肩袖是独立于衣身裁片以外的分体结构，在服装肩部有明显的缝合线迹。插肩袖是介乎于连袖和装袖之间的一种基础袖型，起源虽然不能说是连袖或装袖的衍生类型，但它们三者从结构上的确存在区别和关联（图 3-29）。

插入三角布的曲肩型连袖，如果将其剪口延伸至领口，就从衣身上分割出了袖子，再将三角布的一半分别补到衣身和衣袖的相应位置上，经修整后便是插肩袖结构了（图 3-30）。

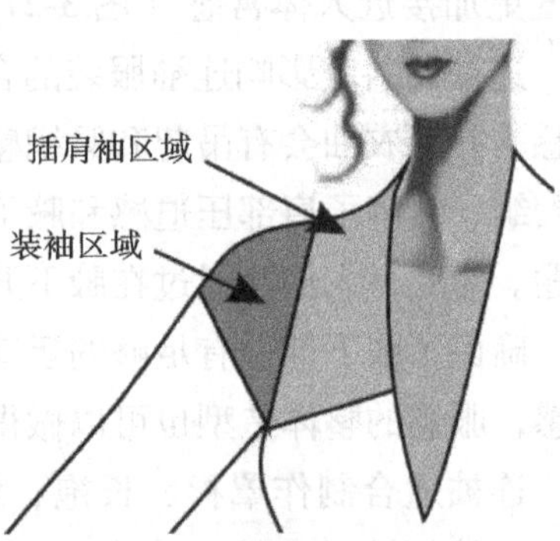

图 3-29　插肩袖与装袖的区域划分

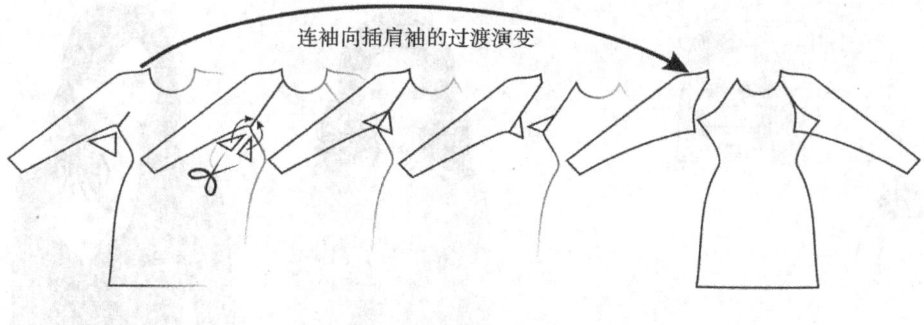

图 3-30 连袖向插肩袖的过渡

插肩袖一般在大衣、风衣、夹克和民族风格的服装中使用（图 3-31）。

图 3-31 插肩袖设计

4. 装袖

装袖的裁片各自独立，和插肩袖一样，与衣身的结合部位都是起始于腋下，但向上的缝迹线指向不同，制作方法和造型效果也截然不同。装袖的缝迹线围绕臂根自腋下指向肩端点附近的三角区域，分割线形一般使用曲线。多数服装的缝迹线指向肩端点，使服装结构造型更加符合人体，但有时为了设计效果，也可以通过调整缝迹指向，向肩内移动产生窄肩效果，向肩外移动产生宽肩效果。因此，装袖结构在各种服装袖型的变化当中，应用尤为广泛，不仅受衣身造型的影响较小，而且还可以起到修饰体型缺陷的作用（图 3-32）。

九、口袋

口袋既有装饰性又有实用性。口袋的装饰性体现在它可随意放在服装的各种不同部位，不同大小和形态的口袋或袋盖可以增加服装的层次结构。实用性表现在装物、暖手和习惯性动作等方面，注重实用性的口袋一般设计在双手容易触及的位置。现代人随身携带的各类物品越来越多，因此，口袋的功用显得更加突出。口袋有贴袋、挖袋和隐形袋三种基本形式。

图 3-32　装袖设计

1. 贴袋

贴袋只有一片袋布，袋布与衣身相贴缝合时留出袋口，或在袋布上挖出袋口后再与衣身缝合，其夹层就形成了口袋的空间。男衬衫左胸上的口袋、牛仔裤的后袋及中山装的口袋等均为贴袋。贴袋分为外贴袋和内贴袋。

（1）外贴袋　袋布缝合在衣身外面，袋形样式由袋布形状决定。外贴袋有较强的装饰性，缺点是装物后明显鼓起，影响服装的美观。带侧墙的立体口袋或加入褶裥的贴袋具有很强的装饰性，且能容纳更多的物品（图 3-33）。

图 3-33　外贴袋

（2）内贴袋　在衣身上挖出袋口或在结构线、分割线上留出袋口，袋布放在衣身内侧后再与衣身缝合。内贴袋在衣身表面留有明线，因此一般使用双明线，具有一定的装饰性。

2. 挖袋

顾名思义，挖袋就是在衣身上开洞挖出袋口，内缝袋布的口袋。挖袋有单袋牙、双袋牙、装拉链、袋口牌、装袋盖等袋口形式，如西服口袋和大衣的斜插袋等。如果服装与人体间空隙较大，有足够的空间，挖袋就可以装入较多的物品，但物品过重会导致袋口扭曲变形（图 3-34）。

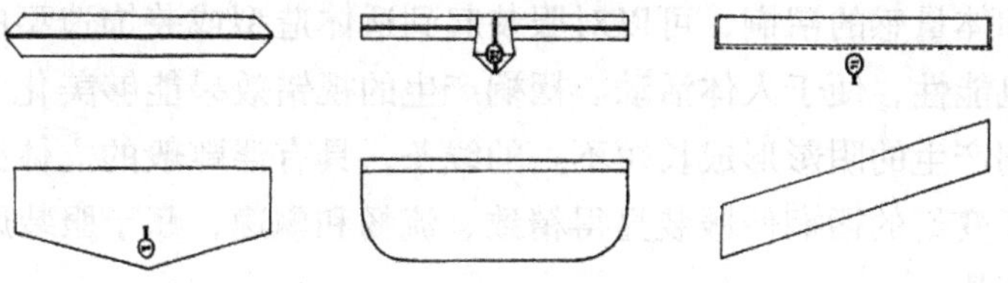

图 3-34 挖袋

3. 隐形袋

隐形袋是一种利用结构缝、分割缝或额缝的缝间作为袋口的口袋形式。因为袋口隐藏在缝中，袋口位置不明显，所以叫隐形袋。但设计中不一定总是将口袋隐藏起来，有时也可以使用隐形袋形式，加上袋盖、镶袋口牙、勾出口袋明线等，以强调口袋结构的装饰美。

除以上介绍的基本口袋形式外，还有组合袋、立体袋、袋中袋、可拆卸袋、专用袋等。

4. 口袋及袋口设计

袋口可以为直线、曲线或折线形，但一般采用直线形，能够防止袋口拉伸。袋口角度可在360°范围内自由旋转设计，使之形成平、斜、垂等样式，但实用性口袋的袋口方向和位置要注意其使用的方便性，长短根据需要设定。在袋口处，通过装上袋盖、扣袢和拉链等，既有装饰性又有防止物品脱落的功能（图 3-35）。

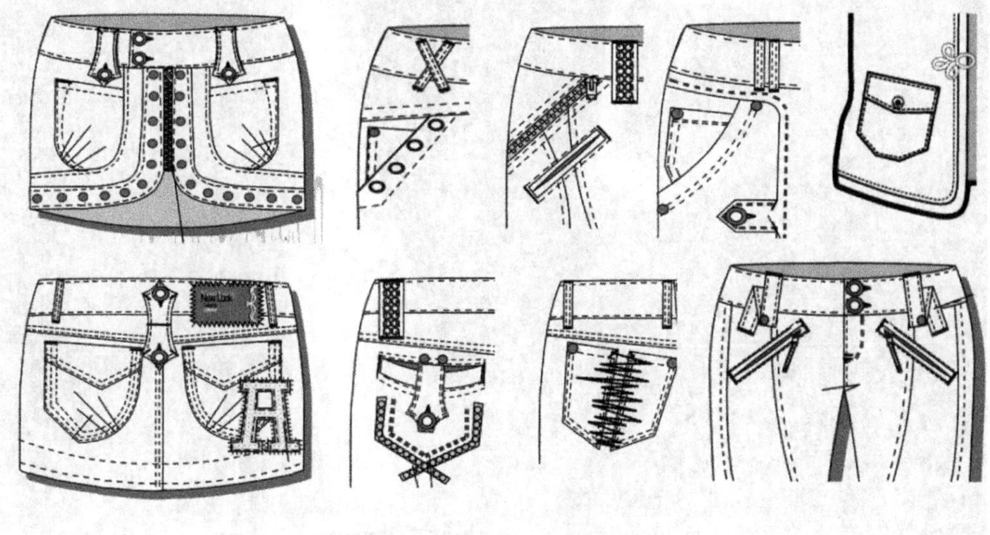

图 3-35 口袋及袋口设计

十、褶裥

有些服装的外观追求光洁、平展和顺直，也有一些服装的外观通过褶裥来追求层次感或浮雕感的立体效果。这里所说的褶裥是设计上有意设计和制作出来的常态效果，是服装结构的组成部分，而不是人们穿着服装后产生的衣褶。

具有膨胀感和体量感的褶裥，可以对服装起到适体造型或装饰造型的作用，同时，也可以增添服装的机能性，便于人体活动。褶裥产生的视错效果能够美化人体，弥补体型的缺陷和不足。褶裥产生的阴影形成长短不一的线条，具有浮雕般的立体感。规律性的褶裥产生秩序美，富于变幻的褶裥使服装显得精致、流畅和飘逸，赋予服装风格美（图3-36）。褶裥分为碎褶和裥褶。

1. 碎褶

通过对布料进行抽褶缝合、穿绳收缩、松紧带收缩、展开散落、反向挤压和拉伸等方法形成碎褶。布料因受挤压、牵引、拉伸、支撑、重力等外力作用，形成不同效果的衣褶：单端固定形成散褶，两端固定形成拢褶，中段固定形成散褶和拢褶。

2. 裥褶

通过对面料局部折叠并固定产生裥褶。不经压烫的裥褶显得厚重饱满；经过压烫的裥褶方向感强，折口线条清晰顺畅，能收拢衣身，宽松而不臃肿，使服装显得简洁而轻快，具有层次效果。

图3-36 褶裥

十一、面料肌理

为了满足消费者标新立异的心理需求，设计上有时会追求面料肌理或质感的对比效果。比如将针织物与真丝纱罗组合，或将轻透的网纱与柔软的针织布组合等，不同材质的两种面料相映成趣，呈现出强烈的肌理对比。所有布料都有感官方面的肌理效果，有平面感、通透感、光泽感、新旧感、凹凸感等，也有的面料上布满褶皱、凹凸或附着物，营造出层次感或立体感。具有特殊质感的肌理面料与光洁面料搭配可以产生强烈的对比效果，使服装显得更加别致。

面料肌理的产生，一种是厂商通过对布料经纺织、植入、化学或物理等工艺方法生产出来的肌理面料，如泡泡纱、桃皮绒、条绒、绉纱、绣花布、绗缝布、雕花布等；另一种是成衣生产厂家或制作者，将原本外观非常普通甚至缺乏美感的织物，通过机械或手工方法将布料进行二次加工处理，使原材料产生肌理效果，赋予其新的外观，称为“面料再造”。有时服装设计师为塑造理想中的服装效果，会费尽心机地运用传统工艺或现代工艺对面料进行再加工，使其外观发生根本性的变化，为服装增添特定的艺术效果。如对牛仔类服装进行水洗、砂洗、开口、磨损等做旧工艺处理，能使服装显得质朴、狂放或时尚（图 3-37）。

图 3-37　面料肌理

1. 构成方法

使用平面或立体构成的技法，按照一定的规律通过在面料上进行扦缀固定，使织物表面呈现出规则的凹凸肌理。

2. 褶皱方法

通过抽皱、压褶、捏褶等方法固定成形。

3. 扭曲方法

通过揉、搓、拧等方法固定成形。

4. 破坏方法

通过割、撕、洗、磨、刮、压等破坏方法，营造特殊的肌理效果。

十二、装饰

我国民间传统手工艺非常丰富，我们可以从各民族服饰中得到启发，或利用现代技术对服装进行装饰性设计，使服装显得更加精致、美观。不论是裁剪前的布料、裁片状态、半成品状态还是成衣状态，都可以在衣身上通过印染、缝缉、绣花、扦缀、贴补、编结、镂空等技法，进行图案装饰、文字装饰或立体装饰等。但装饰设计不能滥用，要根据服装风格选择合适的装饰技法和形式。

1. 印染法

通过印刷、手绘、扎染、蜡染等方法，在面料上进行色彩与图案装饰（图 3-38）。

图 3-38　印染法装饰

2. 缝补法

通过缉缝、绗缝、拼接，或贴补图案贴片、绣片、丝带、布片、商标等方法，在服装上进行明线或各种辅料的装饰（图 3-39）。

3. 绣花法

通过手绣或机绣，在服装上进行刺绣、补绣等绣花图案的装饰（图 3-40）。

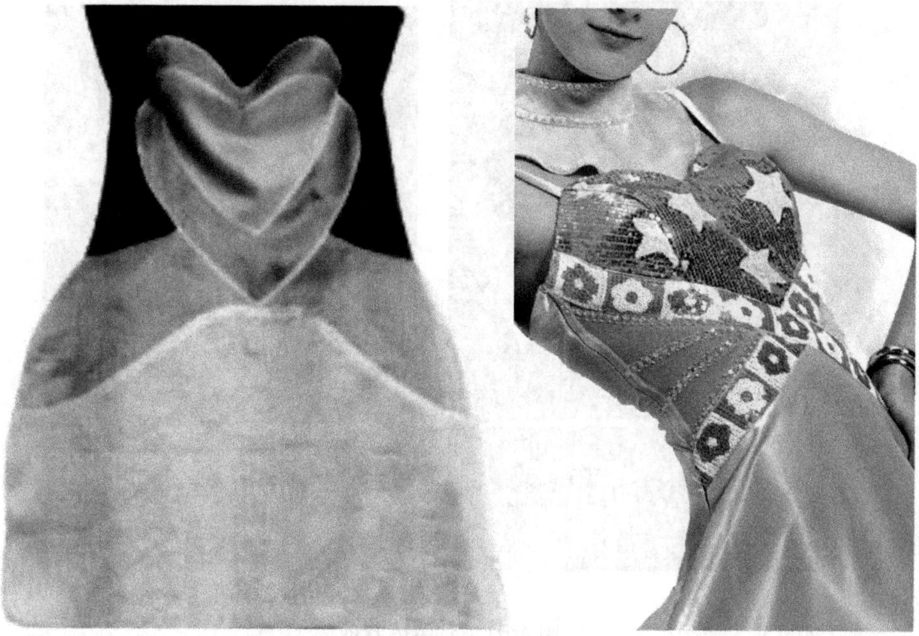

图3-39 缝补法装饰

图3-40 绣花法装饰

4. 扦缀法

通过扦缀亮片、珠子、纽扣、挂饰、羽毛、锁链、铆钉等，在服装上进行多种方式的装饰（图3-41）。

图 3-41　扦缀法装饰

5. 镂空法

通过镂花、镂孔、镂格等方法，在服装上进行各种形式的孔洞装饰，具有通透效果（图 3-42）。

图 3-42　镂空法装饰

6. 其他方法

通过编织、流苏、打结、捆扎、盘带、穿绳、抽纱等方法，在服装上进行各种形式的工艺装饰技法，使服装具有形式多变的装饰效果。

十三、层次结构

在服装的某些部位叠加相同或不同形态的部件结构，浮起的边缘可产生结构层次感，使服装款式变得更加丰富。如在裙身上覆盖薄纱；在夹克衫的前面附加马甲的前片结构；在大衣胸前夹入装饰裁片；在袖子的袖山或袖口处重叠裁片；领子采用不同形状的领型相组合，形成复合领；服装边口部位进行多层次结构重叠等。另外，服装局部通过折叠或翻转等方法也可以产生层次感，如裤子的翻裤脚等（图 3-43）。

图 3-43　层次结构

?! 小问号

1. 服装的基础结构元素都有哪些项目？
2. 每项基础结构元素都有哪些基本形式？

我的收获

我的疑惑

任务测评

1. 分别绘画各种领型、袖型和口袋各 20 个。
2. 不同结构部位在各类服装中的设计应用

自选某一服装款式为基本型，按领子、分割线、颡缝、门襟、封门具、袖子、口袋、褶裥等，分别更改并替换其中的结构项目进行服装设计。

任务4　结构变化设计

任务目标　通过对各种服装结构变化设计方法的学习，能够熟练掌握服装结构的变化设计。

在服装设计中，如果把各种不同形式的结构元素进行随机组合或有目的地加以组合，并结合服装设计师的创造性设计，就会使服装款式设计千变万化，无穷无尽。我们必须牢记这些服装款式的结构元素和各种结构形式，学会对各项结构元素及形式进行设计变化，并能从服装中解析出其具有特点的独特设计结构，灵活地应用到具体的服装设计中去。这样一来，你会逐渐发现服装设计并不是高不可攀的，也会从设计中体会到创造性劳动的乐趣。

一、组合法

组合法需要将服装的结构元素进行归类整理，并时常扩充结构元素样式加以积累，如画在素材本上或储存在计算机中，但最为关键的是要记忆在服装设计师的大脑里。如本书之前所叙述的，服装结构元素包括：

①廓形；②结构缝；③分割线；④颡缝；⑤边口；⑥领子；⑦门襟；⑧封门具；⑨袖子；⑩口袋；⑪褶裥；⑫面料肌理；⑬装饰；⑭结构层次。

初学服装设计时，学生往往都是找参考图片进行临摹、组合或变化。通过深入学习，素材会越来越全面而丰富。即使没有图片参考，通过组合服装结构元素的方法，也可以设计出大量的服装款式。如果你能将这些服装的结构元素记忆在大脑里，无论何时何地，只要有纸和笔就可以随时进行绘画形式的创作设计。计算机的普及使服装设计更加方便和快捷。要能够熟练运用 CorelDRAW、Photoshop 等图形处理软件，建立起自己的服装素材库（线条图形最好保存为矢量图），可以随时调用、复制、修改和组合，使用起来方便快捷，能起到事半功倍的效果。

组合法简便易行，操作简单，既能体会服装设计的乐趣，又能从中掌握服装设计的要点，不妨一试。组合法有分解组合法、归类组合法和随机组合法三种。

1. 分解组合法

如果你没有建立起自己的服装结构元素素材库，可以找一些服装图片或服装画作为素材并将其编号，有意（预料组合结果）或无意（根本不知道结果什么样，会产生出人意料的奇特设计）地从中分解出需要的元素部件，进行组合并将其绘画出来，即可生成一个新的款式。

2. 归类组合法

如果你已经建立了自己的服装结构元素素材库，就可以从素材分类中分别提选出素材样式，像拼图一样进行组合并将其绘画出来，即可生成一个新的款式。

3. 随机组合法

首先将图片素材或结构元素素材以数字或字母的方式进行编号，再以结构元素项目的数量设定位数，随意写出一组相同位数的数字，提取服装结构元素中所对应符号的元素形式，然后加以组合并将其绘画出来，即可画出一款意想不到的服装款式。

二、替换法

在已有服装样式的基础上，对某些结构元素的形式进行替换，就可以衍生设计出相似又有区别的新款服装，这是最为简单而实用的服装设计方法。如把西服的平驳头领型替换为立领、挖袋替换为贴袋；把旗袍的立领替换为翻领等。

三、变形法

在已有的服装样式基础上，对其中的个别结构元素进行变形更改，而得到新款服装样式。这种设计方法要求服装设计师具有较好的审美判断力，能够控制好服装的形态和整体比例关系。

变形的方法是把结构元素的形态按照一定规律，在一定范围内加以改变，主要采用极限法，如大⟷小、宽⟷窄、高⟷低、长⟷短、肥⟷瘦、曲⟷直、粗⟷细、薄⟷厚。例如，将西服领的领面加宽或变窄，从而改变领子与衣身间的大小比例关系；或通过降低串口线位置使西服领的上领部分加长，下领部分变短，从而改变领子的造型。

四、位移法

位移法是对已有服装样式上的结构元素进行位置移动的方法。位移法较为简单，只要将服装的部分结构元素进行移动，如上⟷下、左⟷右、前⟷后、里⟷外等方式，就可以实现服装款式的变化效果。例如，将服装的门襟从前中心位置移动到左侧或右侧，从而改变左右身的比例关系，再如通过移动口袋位置或适当改变袋口方向，也可以调整口袋在服装中的装饰效果。位移法要求服装设计师具有较好的审美判断力，能够控制好服装局部和整体比例关系，对一些实用性较强的结构元素，要注意其位置的合理性。位移法结合变形法，可以设计变化出更加丰富的服装款式。

五、借鉴法

借鉴法是借取某一服装款式的结构特征，局部或全部地应用在另一个服装种类中去的一种设计方法。如男女服装样式的互借；成人服装与童装的互借；内外衣的互借；上下衣的互借；西服与旗袍的互借；婚纱与连衣裙的互借；衬衫与夹克的互借；裤子与裙子的互借等。

六、加减法

加减法就是服装结构的简繁变化，是相同服装种类进行展开设计的一种方式。加减法设计首先基于既有款式，通过加减服装的款式结构元素，设计出另一款相似的服装。例如，参照一件无领T恤，通过添加领子、口袋等结构元素，变化设计出另一款式不同的T恤，称之为加法设计；参照一件夹克衫，将原有的装饰分割线等其他结构移除，变化设计出另一款式不同的夹克衫，称之为减法设计。另外，针对一个参照款式，也可以同时运用加法和减法进行设计。

小问号

除了上述服装结构变化设计方法外，你还发现了哪些设计方法？

我的收获

我的疑惑

任务测评

1. 考察服装市场，领略现代服装的设计方法。

2. 分别选出各类服装的代表款式，进行各种不同的变化设计若干，并写明属于哪类设计方法。

实践篇

项目 4

成衣分类设计

一、成衣的概念

成衣是指服装企业按照号型标准，进行工业化批量生产的成品服装，包括各类男女时装、童装、内衣、运动装和职业装等。成衣一般要经过商品的流通环节，多以零售的方式进行销售，企业设计、生产的成衣产品，通过商业领域转换为成衣商品，最后销售给顾客。成衣的生产与营销状况取决于消费者。受消费者青睐的成衣商品就畅销、盈利，不受欢迎的成衣商品就滞销、亏本。企业和商家都可能会因滞销造成商品积压，为了减少损失，企业会以低于生产成本的价格向商家批发销售，商家也会以低于进货价的价格抛售给顾客。所以，经过商品流通环节的成衣产销经营模式存在着巨大的经营风险，但又不可回避。成衣商品的设计，首先要考虑到价格因素，以保证企业的生产利润和商业的营销利润，通过计算材料、生产、储运、店面经营、损耗、滞销等影响价格的诸多因素，最终制定成衣的市场售价。

二、成衣设计的要求

成衣设计理念上要面对现实，注重企业利益，切不可脱离市场，一味追求自我表现。成衣设计是整个服装企业循环大生产中的一个环节，设计师不能独立于企业之外，需要与成衣销售、原料供应和工艺技术等部门进行交流合作。设计师要对企业或品牌的成衣产品定位有一个清醒的认识，如性别、年龄、消费层次、产品类别、价格、销售区域等，这是设计成衣最基本的前提。

成衣的款式设计上，要考虑流水作业的可操作性，还要考虑材料的价格、生产效率等影响产品成本的经济因素。要尽量避免设计的随意性和自我欣赏性，并且一般不需要过于超前的创造性。设计师需要对市场动向、消费者需求、流行趋势等方面进行综合预测。成衣美具有时效性和时代性，设计师抓住了时代的审美共性也就是抓住了服装的流行趋势。设计师要参与销售策划，适当考虑在销售上的要求，要参与成衣市场定价，了解销售反馈信息，把握品牌的一贯性和风格特色。

成衣设计除了要具备上述的理性思考外，在表现手法上也要注意几个方面：①抓住色彩、造型和装饰等元素流行的重点，以迎合消费者追求时尚的服饰心理；②利用饰品、配件的辅助作用，造成特殊的效果，以提高商品的附加值；③配套设计，注重服装的整体风格，表现个性效果；④应用手工绣花、手工扎染、手工蜡染、手工编结等，使成衣具有艺术装饰效果；⑤应用新工艺和新设备，如洗水、压花、绣花、蚀花等；⑥应用新材料，以富有新鲜感的材料来刺激消费，如保暖材料、天然色彩的材料、高弹力材料等。新材料的应用不仅限于服装的主料，也包括其他辅料；⑦借鉴富有民族风味及地方特色的服饰，从民族服饰中取得设计的灵感，设计具有民族风格效果的成衣；⑧应用动植物、风景、文字等图案装饰，如在T恤上添加时尚图案或许能制造流行，刺激消费。

成衣设计是一种开放性的工作，绝不能闭门造车，也不能只以服装设计师自己的主观判断来行事，一定要以市场为准则，“从市场中来，到市场中去”。一般情况下，成衣往往特指以工业化批量生产的各季时装和日常生活服装，生产与营销方面有较强的季节性，下面就假定你是某品牌的服装设计师，按季节时令分别完成各类设计任务，学习成衣设计。

任务1 T恤设计

任务目标 了解T恤设计的要点，完成5～10款T恤设计，画出款式图。

（一）T恤的概念

T恤（T Shirt）的衣身多为直筒型，一般为无领的圆领口，没有门襟，需要套头穿着，有长袖和短袖两种款型。T恤特指能够穿在外面的夏季服装，不包括与其款式相同的白色内衣（俗称“老头衫”）。T恤是春夏季人们最喜欢的服装之一，特别是在烈日炎炎、酷暑难耐的盛夏，T恤衫以其穿着舒适、自然、大众化，但又充满时尚元素的优点，已成为全球男女老少均爱穿着的时髦服装（图4-1）。

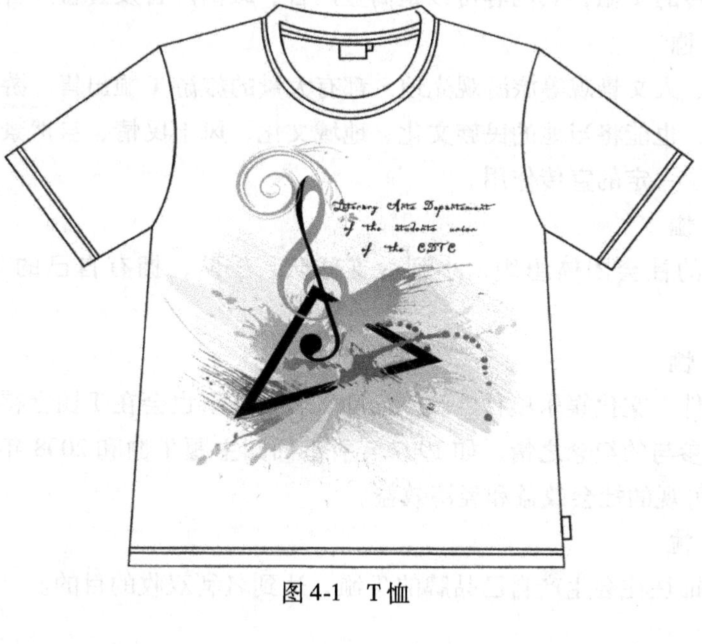

图4-1 T恤

（二）T恤的种类与设计

T恤的造型比较固定，种类划分比较单一，主要按用途分为商品类、广告类、旅游类、团体类、主题类和品牌类等品类。

T恤一般仅需一些结构细节变化，或改变面料的花色和图案就可以达到设计目的。设计上一般在领口、袖口、下摆和衣身等部位进行一些装饰性工艺处理，或通过不同色彩或质感的材料拼接，再利用条纹、文字、标志和图案等进行创意性变化，就能紧跟时尚潮流。通过T恤的图案设计，还可以起到一定的广告效应。T恤图案设计常见的有商标类、文字类和综合文字、绘画、摄影、计算机特效等的综合类。T恤通过图案直接反映人们的精神风貌。人们可以将日常生活中的兴趣、习惯、喜怒哀乐等展露无疑，张扬个性、秀出自我；也可以在校庆、社团活动、促销、塑造公司形象时，满足个人与团队的需求。T恤的设计和制作比较简单，为了表现个性甚至可以自己制作，这也是T恤的魅力之一。

T恤面料以针织品为主，但由于消费者的需求在不断变化，设计制作也不断翻新。如今，以梭织面料制作的T恤衫也纷纷面市，成为T恤家族中的新成员，这种T恤常采用罗纹领口、罗纹袖或罗纹衣边，并点缀以机绣或商标，别具一格。T恤所用面料一般为棉、麻、毛、丝、化纤及其混纺织物，尤以纯棉、麻或麻棉混纺为佳。物美价廉的纯棉针织面料，具有穿着自然、舒适、柔软、透气、凉爽、吸汗、散热、对皮肤无过敏反应等优点，在T恤面料中所占比例最大，满足了人们返璞归真、崇尚自然的心理要求。

1. 商品类T恤设计

以消费者为对象的商品T恤，设计中注重流行变化，图案装饰是设计的重点。商品类男女T恤式样区别较大，女式T恤的款式和装饰方法上可以更复杂些。

2. 广告类T恤

承载广告宣传的T恤，其内容可以是商业广告、政治广告及公益广告等。

3. 旅游类T恤

凡名胜古迹、人文景观等旅游观光地，都有大量的旅游T恤出售。游客以此类T恤作为纪念品的同时，也能将当地的民族文化、地域文化、风土民情、自然景观和政治历史等带到外地，起到了一定的宣传作用。

4. 团体类T恤

大到国际性的社会团体组织，小到一支球队、乐队，拥有自己的T恤总是让人自豪的。

5. 主题类T恤

重大历史事件、文化娱乐项目、政治活动、名人趣事也会在T恤上得到反映，可以满足人们曾经历或参与的纪念之情。如1997年香港回归主题T恤和2008年北京奥运会主题T恤，都取得了可观的社会效益和经济效益。

6. 品牌类T恤

许多名牌服饰往往会生产自己品牌的T恤，达到名利双收的目的。

?! 小问号

1. T 恤一般使用什么材料制作？

2. 为什么 T 恤一般以面料或图案进行设计？

我的收获

我的疑惑

任务测评

小　制　作

将自己不太喜欢的T恤通过手绘、转移印花等附加图案装饰的技法加以改造，设计并制作出独具特点的T恤。

任务2　衬衫设计

任务目标　了解衬衫的设计要点，完成5～10款衬衫设计，画出款式图。

（一）衬衫的概念

衬衫（Shirt）是穿在内外上衣之间，也可单独穿用的上衣，有长袖与短袖的区别（图4-2）。西式衬衫最初多为男用，20世纪50年代起逐渐被女性采用，现已成为常用服装之一。下面按照男式衬衫种类分别加以介绍。男式衬衫可以分为礼服衬衫、正装衬衫、便装

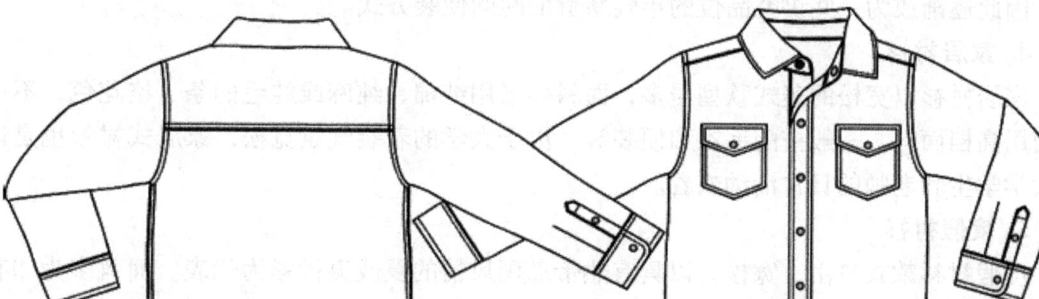

图4-2　衬衫

衬衫、家居衬衫、度假衬衫等。

（二）衬衫的种类和设计

男式礼服衬衫和正式衬衫的设计空间很小，一般按照经典的传统款式和材料设计制作即可。便装衬衫、家居衬衫和度假衬衫则有较大的设计空间，在色彩、材料、款式以及装饰上都可以进行较大的变化，一般围绕领子、门襟、袖子和胸袋等部位进行设计。领式按翻领前的八字形区分为小方领、中方领、短尖领、中尖领、长尖领和八字领等，另外还有标准领、双色领、敞角领、纽扣领、翼形领、立领等不同种类；衣身有直、曲腰身；有无胸袋和袋盖；门襟有内翻、外翻；下摆有方、有圆；有无过肩、有无背褶；袖子有长袖、短袖；袖口有单层、翻转、饰花边等。

女式的各类衬衫都有非常大的设计空间，在色彩、材料、款式以及装饰上都可以做较大的变化。尤其是领子和袖子的设计变化最为丰富。

1. 礼服衬衫

礼服衬衫是以带有穿插式袖扣的法式衬衫为基础进行设计的，领子及前襟处也往往采用具有法式传统的花边。一般采用白色的高支纱纯棉、真丝等天然质地的面料制作，讲究剪裁得合体贴身。

2. 正装衬衫

正装衬衫一般配合西服、领带穿着，领子和袖口内均有衬布以保持挺括效果。和礼服衬衫一样，正装衬衫强调修饰过的身体线条，多使用纯色或带有暗条的白色或浅色面料。

3. 便装衬衫

便装衬衫是以美式衬衫为基础的休闲类衬衫，受美国平民文化盛行的影响，便装衬衫样式宽松，不讲究剪裁，往往还采用纽扣来固定领尖，既不美观也不讲究。便装衬衫可以搭配休闲西装、夹克等外套，面料使用没有定规，款式在传统基础上不变或略有设计变化，色彩花纹上极为自由。便装衬衫搭配西装穿着时是否配用领带完全由着装者的喜好和搭配效果决定。深色略带光泽面料的便装衬衫很受演艺工作者的喜爱，他们也常在正式场合这样着装。这种深色衬衫如果剪裁考究，搭配西装时既能保持绅士派头，又显得轻松帅气，因此逐渐成为一些讲究品位的年轻新贵的晚间便装方式。

4. 家居衬衫

家居衬衫以宽松的美式款型居多，面料多采用纯棉、纯麻或纯毛的条、格花色，不追求使用高档面料，一般搭配毛衣和便装裤。由于大学的着装气氛宽松，家居式衬衫也是许多大学学生和老师的日常活动衣着。

5. 度假衬衫

度假衬衫款式自由、宽松，以具有热带岛国风情的夏威夷衬衫为代表。面料多为印有自然花色图案的纯麻、纯棉或真丝的轻薄织物。

?! 小问号

1. 衬衫有哪些穿法？

2. 衬衫一般使用什么材料制作？

我的收获

我的疑惑

任务测评

为自己设计2件衬衫，画出款式图，并在工艺实习中制作出来。

任务3 长裤设计

任务目标 了解长裤的设计要点，完成5～10款长裤设计，画出款式图。

（一）裤子的概念

裤子是在一年的不同季节里，男女均可以穿着的下体服装，由裤腰、裤裆和两条裤腿构成（图4-3、图4-4）。按裤腿长度分为长裤和短裤，也有所谓的七分裤和八分裤等。

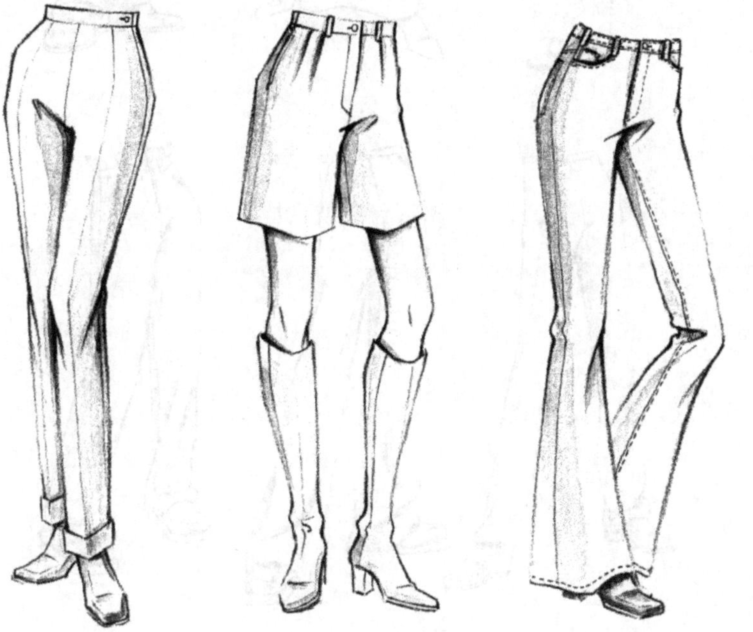

图4-3 裤子

（二）长裤的种类和设计

长裤按腰头所在部位分为高腰裤、中腰裤和低腰裤；按用途、造型和风格等方面划分，有牛仔裤、西裤、打底裤、灯笼裤、阔腿裤、喇叭裤、铅笔裤、工装裤、背带裤、哈伦裤等。

长裤的款式多种多样，设计上首先要考虑到同上衣等服装的搭配问题。长裤的款式变化主要是通过前后腰臀部的结构设计和裤腿的造型设计等体现的。腰臀部的结构设计包括腰头、穿带袢、门襟、颡缝、活褶、口袋等结构元素的变化；裤腿可以通过裁片的结构形状，以及利用分割和褶裥进行造型设计，脚口有翻裤脚和平裤脚两种。因为男女体型上存在着较大差异，所以女裤比男裤立裆深，腰、臀围度的差值大，前后腰颡更长。现在的男女长裤一般都为前襟，低腰型是一种潮流（图 4-4）。

图 4-4　各种裤子

1. 牛仔裤

牛仔裤一般使用坚固呢等织物裁制，一般经水洗、砂洗等方法人工做旧，沿衣缝或边缘缉橙、白等颜色的明线，并缀以铜钉和铜牌商标，不分男女均可穿着。

牛仔裤可谓是长裤中的明星，它的衍生品“休闲裤”也大行其道，面料和花色也越来越多。特别是现在的弹力牛仔裤还有一定的修身作用，能让女性腿部显得健美修长，富有曲线。但紧身牛仔裤包住臀部过紧，会压迫骨盆处的神经，影响血液运行，久而久之，易导致腰腿疼痛不适、麻木酸胀、伸屈困难等，因此，不要长时间穿着过紧的牛仔裤。

2. 西裤

西裤主要是指与西装上衣配套穿着的裤子，适合在办公室及社交场合穿着。西裤的款式大多是比较宽松的直筒裤，裤裆也比较宽松，裤子偏长，脚口压在脚面上。侧袋为直插袋或斜插袋，后袋口为单袋牙或双袋牙，可有纽扣或袋盖等。西式短裤与西裤的工艺基本相同，西裤的造型及生产工艺现在基本上已国际化和规范化。

3. 打底裤

打底裤是为防止走光、修身或保暖而设计的裤子，有三分、五分、七分、九分等不同长度，一般与娃娃衫、T恤和短款连衣裙等服装搭配。打底裤设计简单，多在脚口处装饰一些蕾丝花边、水钻、绸带等，一般使用具有弹性的蕾丝面料或针织面料。

4. 灯笼裤

灯笼裤指松紧带裤腰、裤腿宽大、脚口收紧，上下两端紧窄、中段松肥、形如灯笼的裤子。灯笼裤大多用柔软的棉布或绸料裁制，轻松舒适，适宜练瑜伽、武术和休闲等场合穿着。

5. 阔腿裤

顾名思义就是拥有宽阔的裤脚，简洁、宽松的轮廓的裤子，大多使用轻飘涤棉或纱质材料，一般为高腰型。

现今流行的阔腿裤既有适合度假时穿的休闲款，也有适合各种正式场合的优雅款。日常生活中，阔腿裤看起来平易近人，给人恬静、惬意的感觉。宽松的设计让腿部看起来更加纤细，加上背带的话可以立刻变得时尚起来，如果想更有女人味一些，可以搭配一件蕾丝小背心，再做一个浪漫的卷发造型，赋予阔腿裤崭新的风格。

6. 喇叭裤

喇叭裤因裤腿形状似喇叭而得名。它的特点是：低腰短裆，紧裹臀部，裤腿上窄下宽，从膝盖以下逐渐张开，裤口的尺寸明显大于膝盖的尺寸，形成喇叭状。按裤口放大的程度，喇叭裤可分为大喇叭裤、小喇叭裤和微型喇叭裤，裤长多为覆盖鞋面的长度。

7. 铅笔裤

铅笔裤是指有着纤细的裤管的裤子，特点是剪裁超低腰，可以对臀部和腿部塑型，让腿部显得纤长。

8. 工装裤

工装裤是一种宽松而有很多口袋的款式。工装裤原本是男装，但时装化后却更受女性的喜爱。如今，多口袋不再是工装裤唯一的卖点，裤脚缩口、绑绳、纽扣、拉链等细节装饰都是现代工装裤的新特点，结合抽褶、系扣、连身、低腰、脚口翻边等设计方法的运用，风靡已久的工装裤仍然大行其道，也是服装设计师最善于渲染的款型。

9. 背带裤

背带裤与工装裤有同样的特质，一般前胸有补块和背带，穿着时不系腰带。现今背带裤大多作为男女童装穿着，也有部分年轻女性把它作为日常便服穿着。

10. 哈伦裤

哈伦裤也有垮裆裤、吊裆裤等称谓。传统的哈伦裤类似于灯笼裤，但造型不同，其主要特点是低裆，臀部或大腿部宽松和舒适，小腿部位较窄。这种形态的裤子不仅可以拉长小腿，塑造出小腿的曲线轮廓，还可以有效地掩盖臀部或者大腿处的缺点。如今，哈伦裤的细分种类也越来越多，造型肥瘦不一，裆部位置也有高有低，有萝卜裤、垮裤、锥形裤、嘻哈裤等衍生裤型。

?! 小问号

1. 长裤有哪些种类？
2. 裤腰有哪些形式？由于臀围大于腰围，设计上应如何解决裤子的穿脱问题？

我的收获

我的疑惑

任务测评

为自己设计2条长裤，画出款式图，并在工艺实习中制作出来。

任务4　短裤设计

任务目标　了解短裤的设计要点，完成5~10款短裤设计，画出款式图。

（一）短裤的概念

短裤是因为比遮盖到脚面的长裤短而得名，长度都在小腿肚以上。短裤有内衣短裤和外衣短裤的区别，下面的讨论特指外衣短裤。短裤以简单、轻便、实用、舒适、清凉、性感、活动方便、容易穿着等特点，成为现代人非常喜爱的夏装。西方历史上，短裤只有年轻男孩才能穿着，欧美国家在20世纪70年代的能源危机时期，为减少使用空调及风扇来节省能源，提倡穿短裤等衣料较少的服装，至今短裤已成为现代人们非常喜爱的时装。但在很多国家，穿短裤始终被认为太过随便，很多公司和单位都有在工作场合员工不得穿短裤的规定。

短裤设计要考虑到与之搭配的上衣种类和款式，使着装的整体风格协调。因为长裤与短裤同属裤子类别，所以短裤的设计可以参考长裤的结构。在近二十年的潮流里，男式和女式短裤各具特点。男性休闲短裤和猎装短装演变得越来越长、越来越宽松肥大，多口袋，裤脚随意翻起，款型宽松舒适；女性短裤则趋向短而窄，一般以针织等弹性面料做成紧身型，呈现出优美、性感的女性曲线。按照短裤的风格、用途、造型、长短和材料等划分方法一般分为西式短裤、运动短裤、热裤、休闲短裤、裙裤等（图4-5）。

图4-5 各种短裤

（二）短裤的种类和设计

1. 西式短裤

西式短裤是在西裤的基础上缩短裤腿长度，脚口在大腿部位的短裤。它造型简单、利落，略显保守，适合中老年男性穿着。一般有侧袋和后袋，脚口也可以翻转过来，须系腰带穿着。一般使用涤棉类素色面料制作。

2. 运动短裤

运动短裤是进行田径体育运动（如打球、跑步等）时穿着的短裤，具有穿着舒适、方便运动的优点。款式特点是松紧带裤腰，两侧裤脚口处有圆角开衩。一般使用色彩鲜艳的素色涤棉或腈纶织物制作。

3. 热裤

热裤是美国人对一种紧身超短裤的称谓，具有美国西部风格。它虽然低腰、短裆、紧身、裤形很小，但腰头、口袋、门襟、分割线等裤子结构一应俱全，一般使用牛仔布、卡其布等较厚的棉织物制作。在炎热的夏季，热裤成为了女孩时髦、性感而又凉爽的选择，传达的是青春动感、活力四射的时尚信息。

4. 休闲短裤

休闲短裤是一种宽松、肥大，长度在膝盖上下的男式短裤，适合登山、野营等户外运动休闲时穿着。它的结构形式丰富多样，可以在口袋、腰头、脚口等部位进行各种形式的结构变化，也可以使用绳带等附件进行装饰。一般使用帆布、卡其布等较厚的纯棉或涤棉面料制作。目前市场上出售的针织面料休闲短裤，以其穿着舒适的特点备受消费者的喜爱。

5. 裙裤

裙裤是一种形似裙子的女式短裤。它与男式休闲短裤风格相似，裤腿宽松肥大，呈 A 字形造型，既有裤子的结构，又有裙子的外形。一般使用纯色或格子的涤棉面料制作。

?! 小问号

一般什么场合不能穿着短裤？

我的收获

____

____

____

我的疑惑

____

____

____

任务测评

为自己设计 2 条短裤，画出款式图，并在工艺实习中制作出来。

任务 5　裙子设计

任务目标　了解裙子的设计要点，完成 5 ~ 10 款裙子设计，画出款式图。

（一）裙子的概念

裙子是人类最早的服装形式之一，是指遮盖下体的单筒式服装，有时也借指连衣裙，本节特指下衣裙子。

由于裙子有穿着舒适、穿脱容易、行动方便、通风散热、款式丰富、适合各年龄段的女性穿用等诸多优点，因此普遍被世界各国妇女所喜爱。我国半数以上的少数民族妇女也都穿有独具自己民族特色的各式裙子，其中一些是连衣裙式样。现在一些国家仍将男性穿用裙子作为民族服饰文化传统加以保留，如大家熟知的苏格兰男性穿的格子褶裙，萨摩亚、斐济等国的男性穿裙子也很普遍。

（二）裙子的种类和设计

按裙腰在腰节线的位置区分，有高腰裙、中腰裙、低腰裙；按裙长区分，有长裙、中裙、短裙和超短裙；按裙体外形轮廓区分，大致可分为筒裙、斜裙、缠绕裙三大类。

裙子一般由裙腰和裙体构成，有的只有裙体而无裙腰。裙子的面料选择面较大，各种花色的棉、毛、丝和化纤面料都可以使用。但是，因为它要同衬衣、羊毛衫和西服等上衣搭配，所以选择布料时，一定要考虑到上下款式风格的协调。裙子的款式结构设计也非常丰富（图4-6～图4-8）。

图4-6　分割裙

1. 筒裙

筒裙又叫西装裙、直裙，是贴身合体的裙子，一般与上衣组合为套装，适合职业女性工作时穿着。筒裙从裙腰开始呈自然垂落的筒状，腰臀贴体合身，能充分表现女性的优雅与潇洒。因步行时活动量较小，一般要放入开衩或裥褶。

图 4-7　碎褶裙

2. 斜裙

斜裙是由腰部至下摆斜向展开，外形呈 A 字形的裙子。按裙身的裁片构成数量，斜裙可分为单片斜裙和多片斜裙，摆阔不等。单片斜裙又称圆台裙，是在一块剪成圆形的面料中央，剪裁出腰口线再进行缝制的裙子，一般选用薄面料裁制。多片斜裙由两片以上的扇形裁片拼接而成，通常以裁片数命名，有 2 片斜裙、4 片斜裙、8 片斜裙等。

常见的斜裙品种有钟形裙、喇叭裙、超短裙、褶裙和塔裙等：①钟形裙，侧轮廓为弧线形的钟形裙子。腰部常以褶裥使裙体蓬起，内衬蓬松、轻薄的纱质衬裙。②喇叭裙，裙体与腰、臀部紧密贴附，自臀围线向下倾斜展开，形似喇叭状。③迷你裙，裙身极短的超短裙。④褶裙，裙身上有定型褶的裙子，分为百褶裙和褶裥裙。百褶裙通常采用可塑性高的面料，经均匀折叠、加热定型后制作；褶裥裙通常在臀围以上部位收拢褶裥并缉缝固定，臀围线以下烫出活褶，穿着舒适，外形富于变化。⑤塔裙，指裙体以多层次的横向裁片抽褶相连，外形如塔状的裙子，根据层面分布，可分为规则塔裙和不规则塔裙。

图 4-8 裥褶裙

3. 缠绕裙

缠绕裙又称围裹裙、围式裙，从裙腰至摆开口的裙片在前身上下重叠，以纽带系合。因缠绕方法不一，裙式也多种多样。

?! 小问号

裙子有哪些种类？

我的收获

我的疑惑

任务测评

为自己或他人设计2条裙子，画出款式图，并在工艺实习中制作出来。

任务6　连衣裙设计

任务目标　了解连衣裙的设计要点，完成5～10款连衣裙设计，画出效果图及款式图。

（一）连衣裙的概念

连衣裙，别名“布拉吉”（俄语的中文译音），是上衣与裙子相连一体的服装样式，是女性最为喜欢的夏装样式之一，适合不同年龄的女性穿着。

连衣裙的设计变化方式非常丰富，通过裙体上各种结构元素的变化，或使用不同材质和色彩的材料搭配，都可以实现连衣裙的设计变化。连衣裙有长袖、短袖和无袖等不同袖型，也有领式的和无领式的各种式样变化，还可以根据造型的需要，通过改变腰节位置等造型方法设计轮廓造型。由于连衣裙属于夏季服装，所以一般采用较薄的各类面料制作（图4-9、图4-10）。

图4-9　连衣裙

（二）连衣裙的种类和设计

由于连衣裙的款式风格、造型特点和穿着使用目的等方面的不同，其种类繁多，变化莫测。按腰位设计可以分为标准型、低腰型和高腰型，按廓形设计可以分为H形、X形等。常见的连衣裙有直身式、A字式、露背式、礼服式、迷你式、吊带式等（图4-10）。我们熟知的旗袍和婚纱也都属于连衣裙类别。

图4-10　各种连衣裙

1. 直身式连衣裙

其特点是胸、腰和臀的三围尺寸接近，裙身呈直筒形。衣片结构上下相连，腰间不作分割。为了走路方便，一般在近裙摆有开衩或裥褶，旗袍就属于此类连衣裙。

2. A字式连衣裙

这是一种裙身由胸部向下摆呈A字形展开的连衣裙，由法国时装设计师迪奥于1955年推出。由于A字形外轮廓的斜线增加了长度感，显得穿着者身材更加高挑，具有活泼、潇洒、充满青春活力的造型风格，是女装常用的造型。

3. 吊带式连衣裙

吊带式连衣裙没有领子和袖子，裙身由胸部向下延伸，上方有吊带绕肩与前后身连接，也是一种晚礼服式样。吊带式连衣裙在盛夏季节穿着凉快、舒适，除女童以外，成人也有穿着，在现代比较流行。

?! 小问号

连衣裙有哪些种类？

我的收获

我的疑惑

任务测评

为自己或他人设计2条连衣裙，画出款式图，并在工艺实习中制作出来。

任务7 旗袍设计

任务目标 了解旗袍的设计要点，完成5～10款旗袍设计，画出效果图及款式图。

（一）旗袍的概念

旗袍是在20世纪上半叶，由民国服装设计师在参考了满族女性传统旗服和西洋文化基础上设计的一种时装，具有中国女性服饰文化的象征意义。传统旗袍一直采用十字裁剪法，胸、肩、腰、臀完全平直，没有立体感，使女性身体的曲线毫不外露；现代旗袍的袖子结构取代了传统旗袍的连袖结构，造型更加富有立体感，通过前后衣身上的瓣缝，使胸、腰部更为合体。旗袍一般具有以下外观特征：立领、盘扣，右衽通襟或半开襟形式，摆侧开衩（图4-11）。

图4-11 旗袍

（二）旗袍的种类和设计

旗袍根据穿着场合分为便装旗袍和礼服旗袍，还有长、短、夹、单等区别。

旗袍的设计主要在领子、门襟、袖子等部位进行变化。门襟样式有偏襟、侧襟和前襟，以及如意襟、琵琶襟、斜襟、双襟等样式；领有高领、低领和无领；袖子有长袖、短袖和无袖；开衩有高开衩、低开衩、单开衩和双开衩。

1. 便装旗袍

便装旗袍是指在日常生活中穿着的旗袍，在南方穿着比较普遍，以中长款和短款为主。便装旗袍一般使用扎染、蜡染和印花的棉麻等天然纤维织物制作，也有真丝双绉、绢纺、电力纺等新型材料。设计上一般采用在领口和衣襟等部位异色滚边，衣身上绣花等方法装饰，或配以中国传统纹饰如双鱼、富贵花、梅花等，还有以中国水墨画手法描绘的花卉图案设计的手绘旗袍等。

2. 礼服旗袍

礼服旗袍是指在结婚、接待、礼仪等场合穿着的旗袍。多以色彩艳丽的丝绸、锦缎等华贵面料制作，充分展现出中华民族悠久的历史文化，着重体现东方女性含蓄优雅的魅力。

?! 小问号

旗袍有哪些种类，适合在什么场合穿着？

我的收获

____

____

____

我的疑惑

____

____

____

任务测评

为自己或他人设计2条旗袍，画出款式图，并在工艺实习中制作出来。

任务8 晚礼服设计

任务目标 了解晚礼服的设计要点，完成5～10款晚礼服设计，画出效果图及款式图。

晚礼服通常肩、领部位较低，裸肩露背，裙摆宽大，裙长及踝。多用柔软、悬垂效果好的绸缎、丝绒等华贵面料裁制，一般加花边、缎带、曲线形裥褶等装饰（图4-12）。

图 4-12 晚礼服

（一）晚礼服的概念

晚礼服是在晚间正式聚会、仪式、典礼等交际场合穿着的服装，也是最高档次、最具特色、充分展示个性的礼服样式。晚礼服常与披肩、外套、斗篷之类的衣服相配，并与华美的装饰手套等共同构成整体装束效果。传统款式的晚礼服强调女性窈窕的腰肢，肩、胸、臂的充分展露为华丽的首饰留下表现空间，夸张臀部以下的裙身量感；多用金丝绒、闪光缎、软缎、皱缎、塔夫绸、贡缎和雪纺等华贵面料制作（图 4-13）。

图 4-13 晚礼服

（二）晚礼服的种类和设计

晚礼服风格各异，西式晚礼服袒胸露背，呈现女性风韵；中式晚礼服高贵典雅，塑造特有的东方风韵，还有中西合璧的时尚新款等。设计可采用镶嵌、刺绣，领部细褶，华丽花边、蝴蝶结、玫瑰花等装饰手法，给人以古典、正统的服饰印象；或以装饰感强的设计来突出高贵优雅。与晚礼服搭配的服饰宜选择典雅华贵、夸张的造型，凸显女性特点。

1. 准礼服

准礼服多为无袖或无领的款式，不过分强调露背或露肩，裙长从及膝至长裙不等。

2. 正礼服

正礼服款式以充分露肩的大开领、无袖为原则，裙子长及脚背，裙后坠地，搭配珠宝首饰和华丽的手包，佩戴手套。正礼服以流畅的褶裥为重点设计元素，使用飘逸、垂感好的绸缎、塔夫绸等闪光织物，局部可以搭配纱和蕾丝等材料，颜色以黑、白等纯色为主。

?! 小问号

晚礼服有哪些种类，适合在什么场合穿着？

我的收获

我的疑惑

任务测评

为某位女电影明星设计2～4套晚礼服，画出款式图和效果图。

任务9 婚纱设计

任务目标 了解婚纱的设计要点，完成5～10款婚纱设计，画出效果图及款式图。

（一）婚纱的概念

婚纱是结婚仪式及婚宴时新娘穿着的西式服饰，以上紧下宽的白色礼服式连衣裙为主体，包括头纱、首饰、手套及花束等服饰配件。人们常在婚纱照中穿着各种彩色婚纱留作纪念。婚纱来自于西方，与以红色为主的传统中式裙褂大相径庭。按西方的风俗，只有再婚妇女才穿粉红或湖蓝等颜色的婚纱，以示与初婚的区别。婚纱的颜色及款式等要结合文化、宗教及时装潮流等确定（图4-14）。

图 4-14　婚纱

（二）婚纱的种类和设计

婚纱的款式变化丰富，尽显新娘风姿。立领、长袖的婚纱，具有古典含蓄之美；无领、无袖、低领口的抹胸婚纱，开放、性感、时尚；袖子有褶，裙体层峦叠嶂，裙长及踝拖尾的婚纱，富贵高雅……婚纱的装饰手法极为丰富，有传统的刺绣、蕾丝、缎带、褶皱等，也有极富装饰性的花边、羽毛、荷叶边、蝴蝶结、立体花、水晶亮片、贴钻和珍珠等。婚纱通过轻、薄、透、露、流畅、朦胧等材料美和设计美，尽显新娘的柔美、端庄、纯洁和含蓄，同时突出女性优美的人体曲线等特点，可展现新娘性感的一面。现今的婚纱设计注重细节处理，延续整体造型的简单风尚，侧重肩部、领口及腰线的设计，镂空、刺绣、花朵等元素被广泛运用。还可融入刺绣等东方元素，使得西式婚纱更加符合东方新娘的婉约气质。

婚纱的面料多为毛、棉、麻、丝绸或有丝绸感的面料，如厚缎、亮缎、蕾丝、水晶纱、软网、网络纱、真丝、真丝绸、真丝双宫、欧根纱、压绉纱、乔其纱、色丁、塔夫绸和锦缎等。

婚纱在造型上主要有公主型婚纱（A 字形）、X 字形婚纱、直身婚纱、蓬裙型婚纱、齐地婚纱、拖尾型婚纱、鱼尾式婚纱、吊带婚纱、抹胸婚纱、贴身型婚纱、王后型婚纱等。

1. 公主型婚纱

公主型婚纱的层层纱 + 蓬蓬裙（多层结构或加入裙撑，使裙体呈 A 字形膨胀）使新娘看起来活泼可爱，又不失女人的乖巧，适合多种体形的新娘。

2. 蓬裙型婚纱

这种传统款式的婚纱的特点是合体的上身、收紧的腰部以及饱满的裙子（配有定型用的衬裙，使裙体呈现出吊钟造型的膨胀感）。腰线接口处较一般婚纱略低一些，甚至可以放到接近臀部的位置，显露腰身曲线。

3. 拖尾型婚纱

拖尾型婚纱看起来更正式和神圣，分为大拖尾型婚纱和小拖尾型婚纱，适合在教堂等场所穿着。

4. 王后型婚纱

高高的腰线是王后型婚纱最鲜明的特征。王后型婚纱在胸部合身紧贴，裙摆呈微 A 字形，充分展现新娘肩部和胸部的线条，对腰腹和臀部的缺点也有很好的掩饰效果。

5. 贴身型婚纱

贴身型婚纱非常简洁，依身体曲线贴身剪裁的窄摆合身设计，不用衬裙。贴身型婚纱大多用丝质乔其纱、绉绸等下垂感极好的面料制成，可说是所有婚纱款式中最能凸显新娘体态美和现代感的婚纱式样。鱼尾式婚纱是其变形版。

?! 小问号

婚纱有哪些种类，常采用哪些材料制作？

我的收获

____

____

____

我的疑惑

____

____

____

任务测评

为你自己或你未来的新娘设计 2 ~ 4 款婚纱，画出款式图和效果图，如果可能，制作出一件备用。

任务 10　运动装设计

任务目标　了解运动装的种类和设计要点，完成 5 ~ 10 款运动装设计，画出效果图及款式图。

（一）运动装的概念

运动装是专用于体育运动竞赛时穿着的各类服装，通常按运动项目或特定要求的设计制作，分上下衣套装、连衣裙及连体式。运动装广义上还包括从事户外体育活动穿用的服装，现在多泛指用于日常生活穿着的运动休闲装，应结合竞技体育和休闲运动的特征进行设计（图4-15）。

图4-15 运动装

（二）运动装的种类和设计

1. 田径装

田径装以背心、短裤为主。一般背心要贴体，短裤应易于跨步。为了不影响运动员双腿大跨度动作，还应在裤管两侧开衩或放出一定的宽松度。背心和短裤多采用针织面料，也有用丝绸制作的。

2. 球类运动装

球类运动装通常以短裤配套头式背心或短袖T恤。足球运动衣习惯上采用V字领，排球、乒乓球、橄榄球、羽毛球、网球等运动衣则采用装领Polo衫，并在衣袖和裤管外侧加红、黄、蓝、白等颜色的装饰性线条。网球运动装以白色为主，女子则穿超短连裙装。

3. 水上运动装

水上运动装主要有3类：①从事游泳、跳水、水球、滑水板、冲浪、潜泳等运动时，主要穿用紧身游泳衣，又称泳装。男子穿三角短裤，女子穿连衣泳装或比基尼泳装。对游泳衣的基本要求是运动员在水下动作时不鼓胀兜水，减少水中阻力。潜泳运动员除穿游泳衣外，一般还配面罩、潜水眼镜、呼吸管、脚蹼等；②从事划船运动时，主要穿用短裤、背心，以方便划动船桨，冬季采用毛质有袖针织上衣；③摩托艇运动速度快，运动员除穿用一般针织运动服外，往往还配穿透气性好的多孔橡胶服、涂胶雨衣及气袋式救生衣等。衣服颜色宜选用与海水对比鲜明的红、黄色，便于在比赛中出现事故时易被发现。

4. 举重装

举重比赛时运动员多穿厚实坚固的紧身针织背心或短袖上衣，配以背带短裤，腰束宽皮带。

5. 摔跤装

摔跤装因摔跤项目而异。如蒙古式摔跤穿用皮制无袖短上衣，又称“褡裢”，不系襟，束腰带，下着长裤，或配护膝。柔道、空手道穿用传统中式白色斜襟衫，下着长至膝下的大口裤，系腰带。日本等国家还以腰带颜色区别柔道段位等级。相扑习惯上赤裸全身，胯下只系一窄布条兜裆，称为束腰带。

6. 体操服

体操服在保证运动员技术发挥自如的前提下，要显示人体及其动作的优美。男子一般穿通体白色的长裤配背心，裤管的前折缝笔直，并在裤管口装松紧带，也可穿连袜裤；女子穿针织紧身衣或连袜衣，并选用伸缩性能好、颜色鲜艳、有光泽的织物制作。

7. 冰上运动服

滑冰、滑雪时穿着的运动服装要求保暖，并尽可能贴身合体，以减少空气阻力，适合快速运动。一般采用较厚实的羊毛或其他混纺毛纤维针织服，头戴针织兜帽。花样滑冰等比赛项目，更讲究运动服的款式和色彩。男子多穿紧身、潇洒的简便礼服，女子穿超短连衣裙及长筒袜。

8. 登山服

竞技登山一般采用柔软耐磨的毛织紧身衣裤，袖口、裤管宜装松紧带，脚穿有凸齿纹的胶底岩石鞋。探险性登山需穿用保暖性能好的羽绒服，并配用羽绒帽、袜、手套等。衣料采用鲜艳的红、蓝等深色，易吸热和在冰雪中被识别。此外，探险性登山也可穿用腈纶制成的连帽式风雪衣，帽口、袖口和裤脚都可调节松紧，以防水、防风、保暖和保护内层衣服。

9. 击剑服

击剑服首先注重护体，其次需轻便。击剑服由白色击剑上衣、护面、手套、裤、长筒袜和鞋配套组成。上衣一般用厚棉垫、皮革、硬塑料和金属制成保护层，用以保护肩、胸、后背、腹部和身体右侧。按花剑、佩剑、重剑等不同剑种，运动服保护层的要求略有不同。花剑比赛的上衣，外层用金属丝缠绕并通电，一旦被剑刺中，电动裁判器即会亮灯；里层用锦纶织物绝缘，以防出汗导电；护面为面罩型，用高强度金属丝网制成，两耳垫软垫；下裤一般长及膝下几厘米，再套穿长筒袜，裹没裤管。击剑服应尽量缩小体积，以减少被击中的机会。

?! 小问号

运动装有哪些种类，都采用哪些材料制作？

我的收获

我的疑惑

任务测评

设计2~4款球类运动装，画出款式图和效果图。

任务11 休闲装设计

任务目标 了解休闲装的种类和设计要点，完成5~10款休闲装设计，画出效果图及款式图。

（一）休闲装的概念

休闲装是人们在无拘无束、自由自在的休闲生活中穿着的服装，将简洁自然的风貌展示在人前。休闲服装一般可以分为前卫休闲、运动休闲、浪漫休闲、古典休闲、民俗休闲和乡村休闲等。休闲语义在时装上覆盖的范围很广，日常穿着的便装、运动装、家居装，或把正装稍作改进的休闲风格的时装等，凡有别于严谨、庄重的服装都可称为休闲装（图4-16）。

图4-16 休闲装

（二）休闲装的种类和设计

1. 前卫休闲装

运用新型质地的面料，风格偏向未来型，比如用闪光面料制作的太空衫，是对未来穿着的想象。

2. 运动休闲装

具有明显的功能作用，以便在休闲运动中能够舒展自如，以良好的自由度、功能性和运动感赢得了大众的青睐，如全棉T恤、涤棉套衫以及运动鞋等。

3. 浪漫休闲装

以柔和圆顺的线条，变化丰富的浅淡色调，宽松的形象，营造出一种浪漫的氛围和休闲的格调。

4. 古典休闲装

构思简洁单纯，效果典雅端庄，强调面料的质地和精良的剪裁，显示出一种古典美。

5. 民俗休闲装

巧妙地运用民俗图案和蜡染、扎染、泼染等工艺，有浓郁的民俗风味。

6. 乡村休闲装

讲究自然、自由、自在的风格，服装造型随意、舒适。多使用手感粗犷而自然的材料，如麻、棉、皮革等制作服装，是人们返璞归真、崇尚自然的真情流露。

7. 商务休闲装

既可摆脱平日压抑与呆板的职业装，又可以用于商业会谈与工作的需要，一般配合条纹的Polo衫、休闲款西裤、休闲皮鞋穿着。

8. 家居休闲

在原本的休闲装中加入了家居服的元素，更加自然、舒适，面料也以舒适的纯棉为主，体现活泼、阳光的自然之美。

?! 小问号

休闲装有哪些种类，它与职业装有什么区别？

我的收获

___

___

___

我的疑惑

___

___

___

任务测评

1. 设计2~4款青年男女情侣休闲装，画出款式图和效果图。

2. 除居家、社交、上班或上学以外的户外休闲时间，确立特定的TPO（时间、地点和场合），如上街、逛公园、旅游等，为自己或同伴设计休闲服装若干，画出效果图及款式图。

任务12　童装设计

任务目标 了解童装的种类和设计要点，完成5～10款童装设计，画出效果图及款式图。

（一）童装的概念

儿童一般指小于12岁的男女儿童，虽然他们此时的身体发育特征还未显现，但家长们都习惯于给学龄前儿童和小学生以相应性别的打扮（除婴儿外）。现代人对孩子们越来越喜爱和关心，对他们的服饰追求也更加多元化（图4-17）。

图4-17　童装

（二）童装的种类和设计

童装涵盖了儿童在不同季节里穿着的各类服装。设计上在强调儿童特点的同时，也往往借鉴成人服装的品种和特点。目前，各国为了保护儿童身体，对儿童服装都有相应的国家标准或行业标准。

童装面料和款式的要求比成人更严格：面料和辅料强调天然、环保，针对儿童皮肤和身体特点，多采用纯棉、涤棉、天然彩棉、毛、皮毛一体等无害面料；款式有追随成人服装的流行趋势，纯色、深色服装有所增多，或时尚成熟，或简洁大方。

1. 婴幼儿服装

婴幼儿服装产品领口、帽边不允许使用绳带；成品上所有外露绳带的长度不得超过14cm；套头衫领圈展开后，周长尺寸不小于52cm，所有这些都是为了避免产品在使用中，由于勾、拉、拽情况的发生，对婴幼儿人身造成伤害。婴幼儿服装产品上所有的纽扣、装饰扣、拉链及金属附件无毛刺，无锐利边缘及其他残疵，洗涤和熨烫后不变形、不变色、不生锈。绣花或手工缝制装饰物，不允许有闪光片、颗粒状珠子和锐利边缘及尖端物质。

2. 男童服装

男童服装款式基本参照成人男式服装设计，也可以通过拼接、印花和刺绣等方法，加入一些条纹、文字或图案装饰。男童服装选用棉、涤纶、腈纶等较结实的面料。

3. 女童服装

女童服装款式具有许多儿童设计元素，如款式上追求时尚、可爱，利用亮片、刺绣、花边、荷叶边、木耳边等技法装饰，也可参照成人女式服装，加入一些流行元素进行设计。女童服装使用棉麻丝毛或化纤的各种花色的面料制作。

?! 小问号

1. 童装有哪些种类？
2. 婴幼儿服装有哪些标准和规定？

我的收获

____

____

____

我的疑惑

____

____

____

任务测评

为亲属家的孩子设计2~4款童装，画出款式图和效果图并制作出来。

任务13 职业装设计

任务目标 了解职业装的种类和设计要点，完成5~10款职业装设计，画出效果图及款式图。

（一）职业装的概念

职业装是指工作中穿着的服装，“干什么穿什么”是现代职业装的基本理念。穿上职业装，人们就要全身心地投入到工作中，尽心尽责。职业装有利于树立和加强从业人员的职业道德规范，培养爱岗敬业的精神，增强工作责任心和集体感，并能提高企业的竞争力。职业装与工作环境、优质服务一起，构成了行业的整体艺术形象，对建立公众形象、提高行业的知名度、增强企业的凝聚力等方面起到了不可替代的作用。职业装具有的标志性，可以树立行业或人物角色的特定形象，表达其理念和精神，有利于公众监督和内部管理。职业装的标志性也可以区别着装者的社会地位、经济条件、工作环境、文化素质等差别。

在发达国家，职业装（Uniform）发展迅猛，逐渐成为一个相对独立的经营体系。有专门的研究设计中心（如日本制服中心 NUC）、博览会（如德国科隆）、公司等机构，专门进行职业装的研究、开发、设计、生产、销售与服务。目前，我国根据行业的人员构成情况和职业的工作特点，制定了较为完备的职业装标准体系，包括国家标准、行业标准和企业标准。不同种类的职业装一般都有各自的号型体系和技术标准，涵盖性能和安全环保要求等。在职业装的设计上，也朝着民族化、时尚化、个性化和科学性方向发展，强调和谐与统一，前景十分广阔。

职业装虽属成衣范畴，但营销方式却不相同。职业装的设计与生产针对的是群体用户单位，产销过程往往不经商业流通环节，一般是生产企业与单位用户直接签订购销合同，几乎没有营销风险。但要想赢得用户的信任，企业就必须做好产品设计、质量保证和售后服务等方面的工作。职业装主要分为制服和工装两大类，下面我们将分别进行学习。

（二）制服设计

制服设计要强调其职业标志性和身份区别性，如军服通过色彩标志兵种，通过服装制式（式样）区别官兵等。制服设计往往以西装为基本款式，或参照军服、警服、空姐制服等服装款式进行变化。现今的制服设计更加灵活多变，特色鲜明，用料更加考究，造型强调简洁与高雅，色彩讲究协调，追求品位与潮流，总体上注重体现穿着者的身份、文化修养及社会地位。制服种类请参照表 4-1。

表 4-1 制服种类

序号	领 域	分 类
1	军队	陆军、海军、空军和预备役等兵种的礼服（军衔服）、常服、作训服、作战服等
2	司法	隶属法院、司法局、检察院、公安局等司法机构的法官、刑警、法警、交警、特警、巡警、狱警，以及治安、海关、缉私、禁毒、国土、森林、海洋、水务、城管、渔政、环保等司法制服
3	党政机关	在国家各部委及其下属单位任职的公务员制服
4	学校	小学、中学、大学等各类学校的学生制服、学位服和教师制服
5	金融业	在银行、储蓄、证券、保险等金融公司上班人员的制服
6	交通	航空、船舶、铁路、公路等交通领域的制服
7	其他	在写字楼内上班的公司白领，以及邮政、广播、电视、电信、旅游、礼仪、律师等行业人员的制服

1. 商务女装设计

商务女装属于职业女装的一种，狭义指白领通用的职业服饰，广义指从事任何商务工作，除了一般在企业就职的白领女性，还包括从事个体经营有商务活动和从事教育行业的女性服饰。

现代社会，女性从事的岗位选择越来越多，社会分工也越来越细致，她们更频繁地出入于会议交流、商务谈判等，逐渐从单一办公室延伸至多种社交场合。商务女装随着社会发展，逐渐呈时尚化趋势，在传统简洁、素雅的商务女装基础上，融入前沿的潮流元素，做到既能保持商务着装所需要的端庄、权威感，又能展现时尚的潮流元素，充分展现女性独特的商务时尚、商务风采。

2. 空姐制服设计

空姐的形象和礼仪不仅关系着航空公司的形象，而且代表着国家、民族的对外形象。服饰是一种无声的语言，它体现了一个人的个性、身份、涵养及其心理状态，直接代表了一个人的品格。世界各国的航空公司都有自己的空姐制服，款式风格各异，但一律着裙装。空姐的服饰装备以制服套装为主，包括上衣、裙子、衬衣、马甲、丝巾、围裙、帽子、丝袜、风衣和大衣，服饰有鞋子、靴子及飞行箱、飞行包等。

（三）工装设计

工装又称“工作服”，是劳动者上班或工作时穿着的服装。目前，我国各行各业都有成千上万的人们在辛勤地工作，他们在各自的劳动岗位上为社会服务和生产。按照行业或企业的要求，他们上班时必须穿着所配发的专门服装。工装种类见表4-2。

表4-2 工装种类

序号	领域	分类
1	医院	各类医院的医生和护士的服装
2	农业	从事种植、水产、林木、畜牧及农业观光等劳动中穿着的工作服
3	矿业	从事煤炭、石油、天然气、金属、稀土、采石、砂土等资源的采掘、碾磨、选矿和处理等与采矿相关工作的劳动保护服装
4	工业（制造业）	食品、酒水、药品、纺织、服装、冶炼、工具、机械、电器、汽车、装备、化工、电力等工业生产中，各类工种的工人工作服或劳动保护服装
5	商业	在百货、超市、专卖店、杂货店等店铺工作的店员着装
6	服务业	从事旅馆、餐饮、美容、保健、洗浴、娱乐、维修、保养、家政、保安、保洁等服务行业人员的工作服
7	其他	公司蓝领，以及从事建筑、储运、消防、环保、城市自来水、燃气、供暖等行业人员的工作服

根据环境特点和工作需要，工装可以分为不同的类别。有标志类工装、防护类工装和警示类工装。一般情况下，工装设计都兼顾标志性、警示性和防护性。

1. 标志类工装设计

标志类工装设计强调从业人员的职业身份和工作岗位的区别，如在繁忙的超市或餐厅中，顾客可以根据服务员的特定服饰轻易地寻求帮助。标志类工装以商业、服务业和医院的工装为主。如医护人员的服装色彩方面，医生多为宁静的白色、护士可以是白色或浅淡的彩色，显得安定、洁净和亲切，手术服为了防止血迹溅到身上显得血腥，都采用与血色相反的绿色，这样可以将血色中和为灰黑色。医护人员的服装款式比较单一，常用面料为涤平、涤卡、全棉纱卡等布料。

（1）商业工装设计　以百货、超市为代表的导购员的工装为代表，要求款式大方、热情。一般采用鲜艳的纯色，以涤棉和化纤类的面料为主。

（2）服务业工装设计　以旅店和餐饮业的工装为代表，设计上要与所在的建筑和室内装潢风格相协调，对款式和色彩的要求较高，服装品种也比较繁杂。服务业工装在服装上常用镶色、嵌条、文字、图案、纽扣和带襻等工艺技法进行装饰性设计。常用面料为仿毛混纺织物，以及织锦缎、色丁、仿真织等面料。

旅店业工装设计，其服装包括迎宾制服、前台接待人员制服、客房服务员工装、保洁工工装、后勤人员工装等。面料一般为纯色的色丁、仿毛混纺等织物。

餐饮业工装设计，其服装包括前台接待人员制服、迎宾（领位服务员）工装、餐桌服务员工装、厨师工装、杂工工装等。常用面料为仿毛混纺织物，以及织锦缎、色丁等面料。

2. 防护类工装设计

防护类工装是以保护劳动者身体或防止人体污染环境为目的的工装，分为普通防护类工装和特种防护类工装。

（1）普通防护类工装设计　普通防护类工装适用于各类工矿企业及其他行业的维修、管理和保护岗位。设计上强调保护、安全及卫生方面的要求，款式一般要求宽松舒适，注重劳动中的便利性，结实耐用，兼顾岗位的标示性和警示性。在符合人体工学、满足护身功能的前提下，进行外形与结构设计。常用面料有各种规格府绸、卡其布、帆布、工装呢（劳动布）等。

（2）特种防护类工装设计　普通防护类工装是特殊工作场合穿着的工装，主要适用于某些特殊工种的危险作业，如具有防火、防寒、防油污、防酸碱、防爆、防生化、防辐射、防静电、阻燃、隔离、增压或减压等特殊功能的特种服装。设计上一般围绕人体防护为主，面料多为专用材料。

3. 警示类工装设计

警示类工装是指能够提示他人注意的服装，主要采用鲜亮的色彩，或通过色彩对比来警示周边的人们，以保障自身的安全。如身穿橙红色工装的电工、铁路维护人员和马路的清洁工，交警穿着的反光背心，以及夜间在室外工作人员工装上的反光条纹等，都有效地提高了易识别性和安全性。

?! 小问号

1. 制服和工装都属于职业装范畴，它们的穿着应用有什么区别？
2. 制服和工装都有哪些应用领域？

我的收获

我的疑惑

任务测评

1. 试为某酒店设计一系列不同岗位的工装，画出款式图和效果图。

2. 选择你比较熟悉的行业或职业，对其工作环境和职业特点等进行调研，了解这些职业对服装的基本要求，参照他们的目前着装进行再设计，画出效果图及款式图。

成衣设计范例

提高篇

项目5

服装创意与系列设计

任务1 服装创意设计

任务目标 了解服装创意设计的过程，尝试以自己感兴趣的事物为灵感来源，完成1~2个系列的创意设计。

一、服装创意设计的概念与意义

服装创意设计是指融入时尚、追求新奇、打破常规服饰理念，融合设计师的创新和灵感的个性化设计。服装创意设计又称服装概念设计，都有创新、独特、前卫的意思。

服装创意设计要有一定艺术性、主题性和文化性。创意类服装常常出现在一些时装设计大赛中或国际时装周的T型台上，如法国的“巴黎国际青年时装设计师大赛”、中国的“‘汉帛奖’中国国际青年时装设计师作品大赛”等，这些比赛为年轻设计师展示艺术才华、创意能力和表现个性提供了绝好的舞台。在诸多服装设计大赛中涌现出了大量优秀的年轻服装设计师，引起了时装界的关注。这类大赛要求设计师设计思维活跃，摆脱约定俗成的一般规律，设计观念超前，锐意创新，不受任何条条框框的束缚，以个性化的构思及与众不同的形式和内容开拓崭新的穿着形式，并着力于民族文化与现代流行趋势的有序结合，构成全新的、颇具时代感的时装造型。

服装创意设计就是在服装构成或设计中加入创造性的意念，它包含着不断创新、创造的过程。设计的宗旨就在于“新”。它体现在服装造型构成上的“新”形式、“新”款式、“新”结构、“新”造型等，且这个“新”还带有原创的含义。从主观上讲，它是设计师个人思想、情感、情趣的体现，也是对知识、前人经验及自我实践等长期积累的感悟。从客观上讲，它能提高消费者的审美意识，倡导时尚流行，开辟服装更新发展的新境界。设计师只有形成了创意习惯，才能达到服装创意如泉涌的境界。服装创意设计不但强调思维作用于行为并指导行为的能力，还特别强调非物质的精神表现。这种创造性思维是人类思维中最复杂、最多变的思维形式，也是现代高科技计算机所难以模拟的。作为创意类服装，从实用功能上看，虽然不能直接服务于日常的现实生活，但是通过这些设计作品，不仅能充分表达出设计师的设计理念和审美意识，从审美情趣上为人们带来视觉盛宴和艺术享受，还能在着装理念上给予人们新的启示，引领时尚潮流。

服装设计是一项需要知识和勤奋的工作，还要善于吸取前人业已取得的各类成果，不断推陈出新。服装设计有着广泛的扩展空间，要在探索中寻找其规律性，以独特的手段和技法，有所突破，有所创造。服装设计师要走在时尚潮流的前面，作品既要出人意料，又要在情理之中。创意设计的本质就是创造，创造力源于设计师自身的综合素质和能力。只要我们遵循客观规律，不墨守成规，就能以敏锐非凡的眼光和思维方式创造出最新的服装形象。

二、创意设计的素材来源

服装创意设计的灵感可以取自世界中的各种事物，服装设计师要善于从身边的事物中寻找创作素材，从中得到启发、发挥想象、巧妙构思，运用广泛的服装表现手段进行创新设计。在服装创意设计中，可以将“事物”两字拆开为“事”和“物”，分别加以理解。

“事”即事情，是看不见摸不着的抽象概念，具有时空性和关联性，包括我们人类所知的大事小情。“事”不会脱离物质世界而孤立存在，必定会有与该事相关的人与物。“事”可以直接转化为设计概念或设计主题，也可将与此事有关的人或物相联系并加以物化，再把“物”所具有的特性应用到服装设计中，就可以设计出独具特色的服装。

“物”即物质，是看得见摸得着的具象物体，它有形、质、色等外在特性，也有很多不同的外在形式。服装创意设计，就是依照这些物体的特性或形式将其图案化、立体化，或将其形态、结构和机理等物质特征应用在服装设计中（图5-1、表5-1）。

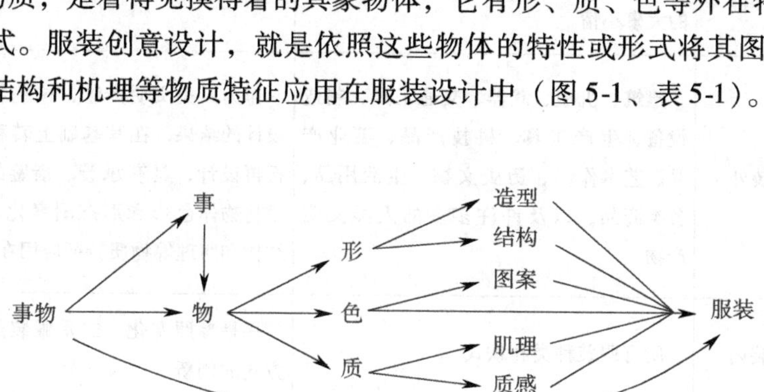

图5-1 事物通过物化转换为服装设计的步骤

表 5-1　创意素材的分类

<table>
<tr><th colspan="4">事物分类</th><th>创意联想</th></tr>
<tr><td rowspan="6">自然事物</td><td rowspan="2">事</td><td>自然灾害</td><td>地震、海啸、飓风、暴雨、泥石流等</td><td>灾害给人类带来的物质损失和创伤，人类在灾害面前表现出的友爱和坚强精神。结合对人与物的联想进行设计</td></tr>
<tr><td>自然规律</td><td>季节轮回、朝霞夕阳、潮起潮落、静夜星光、时光流逝、清风细雨等</td><td rowspan="2">自然规律和景观都会触动我们的心灵，由此激发灵感；自然界的光影和色彩，都可以为设计提供无限的素材</td></tr>
<tr><td rowspan="2">非生命体</td><td>自然景观</td><td>宇宙空间、日月星辰、江河湖海、沙滩丘陵、崇山峻岭、草原戈壁、冰天雪地，以及各种自然风景名胜</td></tr>
<tr><td>物质</td><td>原子、电子、分子、砂石土壤、水滴和雪花、黄金宝石，以及从微观世界到宏观世界的各类自然物质</td><td rowspan="3">生命体是自然的造物，在漫长的进化过程中，不断完善自我，创造出绚烂的自然世界，给我们的地球以无限生机，它们本身就是无与伦比的天然设计师。我们效法自然进行仿生设计，以他山之石可以攻玉之法，进行我们人类的再创造</td></tr>
<tr><td rowspan="2">生命体</td><td>植物</td><td>生活在陆地和水中的各类花草树木等</td></tr>
<tr><td>动物</td><td>水中的鱼儿、空中的蝴蝶和鸟儿、地上的豺狼虎豹和牛马猪羊等生活在空中、陆地和水中的各类虫鱼鸟兽</td></tr>
<tr><td rowspan="4">人文事物</td><td rowspan="2">事</td><td>事件</td><td>各国家、各民族的历史和传统，在社会、宗教、政治、军事、文化、艺术和科学技术等各领域的进步和争端，以及人与人、人与社会、人与自然之间发生的各类事件</td><td rowspan="2">将与事件或事情相关的人和物通过物化转换，并与服装的具体设计相关联，以一定的形式在作品中予以表达。作为服装设计师，无论好事坏事，都要以积极的理念和表达方式进行创造</td></tr>
<tr><td>事情</td><td>发生在我们生活、工作、情感等方面的大事小情</td></tr>
<tr><td rowspan="2">物</td><td>服装外</td><td>建筑、机械、武器、交通工具、制造设备、生产工具、科技产品、工业产品、艺术作品、历史文物、生活用品、各类商品，以及许许多多的人类文明产物</td><td>作为人类文明产物，这些物体本身就是人类设计的结果，在其基础上转移到服装设计中进行再设计，具有承袭、借鉴的意义。设计方法是将物体色彩和形态图案化、立体化，或取其结构和肌理等物质特征应用在服装设计中</td></tr>
<tr><td>服装内</td><td>所有服装种类和款式</td><td>一是参照变化，二是服装的着装方式和搭配方式的创新</td></tr>
</table>

三、创意设计的表达方式

1. 物色在服装色彩设计中的表现方法

运用服装设计的色彩美学原理将物体色彩或景观色彩图案化加以设计（图 5-2）。

2. 物形在与在服装造型、结构和材料肌理中的表现方法

按照服装的造型与结构，结合物体色彩对物体形态或景观进行设计（图5-3）。

图5-2　葵花

图5-3　熊猫

四、不同灵感来源的主题设计

1. 服装创意设计的主题

结合服装的设计风格，将灵感来源的事物作为主题进行设计（图5-4）。

2. 源于自然事物的创意

从自然界的各类事物中汲取灵感，进行创意设计（图5-5）。

3. 源于人文事物的创意

从人类文明创造的各类事物中汲取灵感，进行创意设计（图5-6）。

4. 基于服装自身的创意

从各类服装、服饰品或着装方式中汲取灵感，进行创意设计（图5-7）。

图 5-4　运动主题

图 5-5　彩虹主题

图 5-6　国旗主题

图 5-7　韩风主题

5. 源于生活事物的创意

从生活中的各类事物中汲取灵感，进行创意设计（图5-8）。

图5-8 糖果公主主题

?! 小问号

1. 服装创意设计的意义是什么？
2. 服装创意设计的大致过程有哪些？
3. 在具体的设计中，在作品里如何表达灵感？

我的收获

我的疑惑

任务测评

分别选择下面的题目，设计3～5套创意服装。

1. 服饰类别转换的创意（效果图）。
2. 强调结构造型夸张的创意（效果图）。
3. 基于服装材料的创意（效果图）。
4. 源于景物的创意设计（效果图）。
5. 源于生物的创意设计（效果图）。
6. 源于文物的创意设计（效果图）。
7. 源于现代工业产品的创意设计（效果图）。
8. 源于现代艺术的创意设计（效果图）。
9. 源于未来社会的创意设计（效果图）。
10. 源于重大事件的创意设计（效果图）。

任务2　服装系列设计

任务目标　了解服装成衣系列设计的要求，完成若干时装商品的系列设计；为参加服装设计比赛预备参赛稿。

一、服装系列的概念

服装系列是指在同一设计主题下，具有相同或相似的服装要素形式，风格一致，彼此关联，但又不尽相同的多款、多品种作品或产品。服装系列设计重视表现主题内容的设计元素在整个系列多套服装中的主导地位，并形成具有变化的层次感和统一美，使之产生系列感、秩序感和协调感。服装系列设计就是要围绕某一主题，对表现主题的设计元素进行多种形式的再现，通过合理的组合与搭配，多角度、全方位地综合表达主题思想，将单品扩展为系列，形成多款设计。服装系列要从服装产品系列和舞台表演系列两个方面去理解。

1. 服装成衣系列

对于品牌成衣来说，服装系列设计还需考虑系列之间的搭配问题，这是品牌公司的经营策略，也是消费者的消费需求。首先，品牌公司的服装产品一般是多系列并列或互补经营，往往涉及不同系列之间的搭配；其次，消费者在认可某一品牌之后，都会希望自己所选的服装有更多的可搭配性。所以在品牌成衣系列设计中，色彩、款型、结构、面料、工艺等设计要素的协调和风格的统一非常重要。

广义上的产品系列，可以按照服装种类、风格、档次等方式划分，如按服装种类划分为男装系列、女装系列、童装系列，春装系列、夏装系列、秋装系列、冬装系列等；按服装风格划分为休闲系列、礼服系列、淑女系列等。

狭义上的产品系列，一般按照具体的服装种类或款式划分，如牛仔产品系列、裤子产品系列、西服产品系列、夹克产品系列等。

2. T 台表演系列

在 T 台上，具有相同主题元素的系列设计更加引人注目，具有视觉冲击力。服装系列设计最少需要 2 套，一般为 3 套以上。小系列的设计空间较大，可以自由发挥，大系列的设计受面料、造型、工艺的限制较多，设计难度较高。因此，小系列款式宜复杂化，大系列款式宜简洁化。另外，服装系列设计还可以是男女装组合，或加入童装。

二、服装系列设计的统一元素

服装的系列感，来自于在多款（或多套）服装中共同具备的相同或相似的设计元素。表现系列感的诸多元素按强弱次序排列分别为风格、款式造型、材料（含色彩和质感）、工艺、设计规律、结构、图案、细节、饰品和搭配等，其中风格居于主导地位，不可忽略或缺失。款式造型和材料（含色彩和质感）并重，应根据设计主题选择其重点。服装系列设计要分清主次关系，围绕主题，抓住重点，强调某一表现方式，利用其他形式元素加以渲染，让人过目不忘。系列设计要做到主题鲜明，切不可不分主次，喧宾夺主，否则将杂乱无章，无法给人留下清晰的印象。

细节的变化在服装系列设计中最为繁复多样，可以尽情地选择风格统一的要素，进行重组、循环、衍生等变化营造系列化效果。如局部结构、图案、工艺、装饰、镶拼等，都可以作为系列化的设计要素。饰品和细节有所不同，它不属于服装的构成部分，是服装的装饰、配搭及组成部分，它比细节设计更加灵活。饰品的不同组合可以产生不同的风格，可以拓展服装系列设计的思维，增强服装系列设计的效果。

三、服装系列设计的步骤

服装系列设计的整体造型，往往是以某一着装形象为原型进行拓展，开发出多款与之相关、相似的造型形成系列。观看服装表演的观众，有时会对给他留下深刻印象的某一款服装产生创作的冲动，设想在其基础上进行一些改造也许会更新颖、更完美，或者试图在廓形或款型更改不大的前提下对色彩加以调整，给人以新感觉，进而形成新系列，这就是系列设计的动因之一。服装系列设计的步骤如下：

1. 选择系列形式

首先确定要设计的系列是以风格、廓形、色彩、面料、工艺或饰品形式中的哪一种为主题，并围绕形式选择设计语言，组织设计素材，开始创意构思。

2. 整合系列要素

设计师在服装系列设计过程中，要从艺术和审美的角度，对色彩、款式、造型等设计要素进行变化创造，追求新意；对结构、细节、工艺等进行合理取舍，以符合形式要求，彰显主题；对于品牌成衣来说，还要考虑工业化生产的可能性。

3. 创意表达

所有系列要素经模糊构思选定后需进行系列服装的草图设计，设计中除了要考虑主题、风格、形式等之外，还要力求创意新颖、构思独特、表达奇妙。

4. 设计调整

在完成服装系列设计的创意表达之后，设计师要认真考虑每套服装间的相关性和协调性、细节设计与布局安排的合理性，并进行调整、改进。

?! 小问号

1. 服装系列感是如何形成的？
2. 服装系列设计的步骤有哪些？

我的收获

____

____

我的疑惑

____

____

任务测评

分别选择下面的题目，设计 3 ~5 套创意服装。

1. 成衣系列设计

参照迪奥（网址：www. dior. com）、香奈尔（网址：www. cn. chanel. com）等知名服装品牌，进行流行时装的系列设计。

1）春夏女装系列设计，画出效果图及款式图。

2）秋冬男装系列设计，画出效果图及款式图。

2. 创意服装系列设计

作为参赛预备稿，可以向符合赛事要求的服装设计大赛投稿。

1）自由主题的创意设计系列，画出效果图。

2）参赛作品的创意设计系列，画出效果图。

服装系列设计范例

教师服务信息表

尊敬的老师：

您好！感谢您多年来对机械工业出版社的支持与厚爱！为了进一步提高我社教材的出版质量，更好地为职业教育的发展服务，欢迎您对我社的教材多提宝贵意见和建议。感谢您在教学中选用了《服装设计基础》（马存义　牛海波　编）一书。

一、基本信息

姓名：__________　性别：__________　职称：__________　职务：__________

学校：______________________________　系部：__________

地址：______________________________　邮编：__________

任教课程：__________　电话：__________　手机：__________

电子邮件：__________　QQ：__________　MSN：__________

二、您对本书的意见及建议（欢迎您指出本书的疏误之处）

三、您近期的著书计划

请与我们联系：

北京市西城区百万庄大街 22 号（100037）机械工业出版社·技能教育分社　马晋（收）

Tel：010-88379079

Fax：010-68329397

E-mail：major86@163.com